U0178876

“芯”路丛书

复旦大学　组　编
张　卫　丛书主编

别具“芯”意

集成电路的设计

任俊彦　等编著

上海科学普及出版社

图书在版编目（CIP）数据

别具“芯”意：集成电路的设计 / 任俊彦等编著；复旦大学组编 .
-- 上海：上海科学普及出版社，2022.10
（“芯”路丛书 / 张卫主编）
ISBN 978-7-5427-8276-2

Ⅰ. ①别… Ⅱ. ①任… ②复… Ⅲ. ①集成电路—电路设计—青少年读物 Ⅳ. ① TN402-49

中国版本图书馆 CIP 数据核字 (2022) 第 150997 号

出 品 人 张建德
策　　划 张建德　林晓峰　丁　楠
责任编辑 吕　岷　林晓峰
装帧设计 赵　斌

别具“芯”意
——集成电路的设计
任俊彦　等编著
上海科学普及出版社出版发行
（上海中山北路 832 号　邮政编码　200070）
http://www.pspsh.com

各地新华书店经销　启东市人民印刷有限公司印刷
开本 720×1000　1/16　印张 9.75　字数 150 000
2022 年 10 月第 1 版　2022 年 10 月第 1 次印刷

ISBN 978-7-5427-8276-2　定价：62.00 元

“‘芯’路丛书”编委会

序 言

当今世界，芯片驱动世界，推动社会生产，影响人类生活！集成电路，被称为电子产品的“心脏”，是信息技术产业的核心。集成电路产业技术高度密集，是人类社会进入信息时代、智能时代的重要核心产业，是一个支撑经济社会发展，关系国家安全的战略性、基础性和先导性产业。在我们面临“百年未有之大变局”的形势下，集成电路更具有格外重要的意义。

当前，人工智能、集成电路、先进制造、量子信息、生命健康、脑科学、生物育种、空天科技、深地深海等前沿领域都是我们发展的重要方面。在这些领域要加强原创性、引领性科技攻关，不仅要在技术水平上不断提升，而且要推动创新链、产业链融合布局，培育壮大骨干企业，努力实现产业规模倍增，着力打造具有国际竞争力的产业创新发展高地。新形势下，对于从事这一领域的专业人员来说既是一种鼓励，更是一种鞭策，如何更好地服务国家战略科技，需要我们认真思索和大胆实践。

集成电路产业链长、流程复杂，包括原材料、设备、设计、制造和封装测试等五大部分，每一部分又包括诸多细分领域，涉及的知识面极为广泛，对人才的要求也非常高。高校是人才培养的重要基地，也是科技创新的重要策源地，应该在推动我国集成电路技术和产业发展过程中发挥重要作用。复旦大学是我国最早从事研究和发展微电子技术的单位之一。20世纪50年代，我国著名教育家、物理学家谢希德教授在复旦创建半导体物理专业，奠定了复旦大学微电子学科的办学根基。复旦大学微电子学院成立于2013年4月，是国家首批示范性微电子学院。

“‘芯’路丛书”由复旦大学组织其微电子学院院长、教授张卫等从事一线教学科研的教授和专家组成编撰团队精心编写，与上海科学普及出版社联手打造，丛书的出版还得到了上海国盛（集团）有限公司的大力支持。丛书旨在进一步培育热爱集成电路事业的科技人才，解决制约我国集成电路产业发展的“卡脖子”问题，积极助推我国集成电路产业发展，在科学传播方面作出贡献。

该丛书读者定位为青少年，丛书从科普的角度全方位介绍集成电路技术和产业发展的历程，系统全面地向青少年读者推广与普及集成电路知识，让青少年读者从感兴趣入手，逐步激发他们对集成电路的感性认识，在他们的心中播撒爱“芯”的“种子”，进而学习、掌握“芯”知识，将来投身到这一领域，为我国集成电路技术提升和产业创新发展作出贡献。

本套丛书普及集成电路知识，传播科学方法，弘扬科学精神，是一套有价值、有深度、有趣味的优秀科普读物，对于青年学生和所有关心微电子技术发展的公众都有帮助。

中国科学院院士

2022年1月

目 录

第一章　只识“0”和“1”，能算千万亿
——数字芯片的魔术

从算盘到差分机——计算工具简史

集成电路芯片，可以实现诸多信息处理的功能，包括信息的感知、传输、存储与计算。其中，最为大众所熟知的就是用于计算的处理器芯片了。从手机到笔记本，从台式机到集群服务器，这些电子设备提供了空前强大的计算能力，支撑起信息时代的大千世界。尽管这些电子设备看上去神秘莫测，但它们的核心就是一颗颗指甲盖大小的芯片，而芯片也不过就是一种根据给定的规则进行操作的微型化电路。

什么叫给定的规则呢？就说我们熟悉的四则运算吧。再复杂的加法，其基础也只是 10 以内的加减法；再复杂的乘法，其基础也只是九九乘法表。这些规则写出来只要几行字。对于同样算式的输入，无论是谁来操作，只要按部就班，所得到的结果都是相同的。尽管如此，复杂的计算仍需要分解为大量重复的加减乘除基础运算步骤，而人脑运算百密终有一疏，速度也不快，因此人本身提供的计算能力十分有限。

给定规则，反复运算，保证不出错，速度越快越好，这不就是机器所擅长的吗？既然人不适合做大规模快速无误的数值计算，为什么不让机器来做呢？

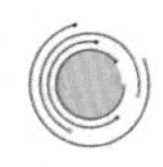

算盘与机械计算机

古人早就认识到了这一点。算盘是最具东方特色的传统计算辅助工具。在北宋的《清明上河图》中，就有使用算盘的场景。考古发掘中，也出土过宋代的算盘实物。考虑到制作工艺的成熟度，一般认为，算盘的出现至少可以上溯至唐代，也就是一千多年前。

算盘是如何操作的呢？珠算员遵循一套完备的珠算口诀来拨打算盘。对于加法，如果盘面上可以直加，例如 1 + 3，则按照“三上三”的口诀，就得到了结果 4；如果不可直加，例如 4 + 3，则按照俗话所说的“三下五去二”，得到了结果 7；如果需要进位，例如 9 + 3，则按照“三去七进一”，得到了结果 12。

也就是说，算盘完全是根据运算的输入（盘面上的加数，以及珠算员脑海中的被加数），遵照给定的规则（珠算口诀），机械地执行操作。不同的珠算员，只要遵循正确的操作步骤，都会得到正确的运算结果，只是由于各人的熟练程度与身体条件的差异而导致运算速度有快慢的差别。

然而算盘只能算是一种辅助的工具，因为操作算盘的仍旧是人，算盘本身是不会自动拨打的。但既然操作是确定的，那么用机械代替人执行给定的操作步骤，不就可以又快又准地完成计算了吗？沿着这样的思路，人们发明了机械计算机。

在一艘希腊海底沉船上发现的“安蒂基西拉机器”，一般认为是两千年前的古希腊人用于计算天体运动的机械装置，但其具体细节已不可考。

法国哲学家、数学家和物理学家布莱士·帕斯卡（Blaise Pascal）在 1640 年前后设计了一种机械计算机的装置，能完成多位的十进制加减运算，并被“太阳王”路易十四授予了皇家特权。过了 20 年，后来和艾萨克·牛顿（Issac Newton）共同创立微积分体系的伟大的德国哲学家、数学家戈特弗里德·W. 莱布尼茨（Gottfried W. Leibniz），改进并制造了能够实现加减乘除四则运算的步进式机械计算机，输出数据达到 16 位。

1830 年以后，英国科学家查尔斯·巴贝奇（Charles Babbage）设计出了可以自动执行指令和存储数据的机械装置——差分机。当时英国著名诗人乔治·G. 拜伦（George G. Byron）的女儿埃达·拜伦（Ada Byron），基于差分机对级数计算进行了编程，被称为世界上第一位程序员。可惜，巴贝奇爵士耗尽了政府资助的1.7万英镑和自掏腰包的1.3万英镑，最终也没能成功制造出一台完整的差分机。1991年，为纪念巴贝奇诞辰200周年，伦敦科学博物馆根据保存下来的图纸，复制了完整的差分机，它包含了4000多个零件，重达2.5 t。

为什么能设计出差分机却制造不出来呢？回到当初，莱布尼茨设计的步进式机械计算机也只勉强制造了两台原型机。以他的天才头脑，恐怕早就明白，概念设计是一回事，制造实物就是另一回事了。典型的机械计算机，由一个圆形拨盘代表一个十进制位，进位依靠齿轮传动。当时的材料和工艺条件不足以加工如此精密复杂的设备，更何况机械磨损还会引发可靠性问题。巴贝奇的差分机要求主要零件的误差不许超过千分之一英寸，即使用现代的机械加工技术，要制造如此高精密度的机械计算装置也绝非易事。

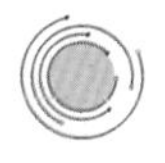

自然进制与二进制

话说回来，我们为什么会用十进制做算术？为什么各个文明独立发展的算术都采用十进制？理由也许很简单，人类进化过程中自然形成了双手的生理结构，有十根手指。因此，十进制是一种自然进制。可以作一个有趣的推测，如果章鱼进化出和人类相似的智能，它们发明的算术一定会采用八进制。

除了十进制，在计算时间量的场合，我们还采用12进制、24进制、60进制或360进制。这也是由自然的天文现象而决定的，因为一年有12个月，大约360天。机械表实际上就是以秒计量时间这样单一功能的机械计算机。一款能实现计时、日历、月历、星期，甚至闰年功能的万年历机械表，通过发条储能和上千个零件，将所有复杂功能集成在小小的表壳内，并且可以可靠地工作几十年，毫无疑问这是机械制造和计算的巅峰——这只是价钱吗？

十进制一位的数字拨盘，齿轮有10个齿；机械表里的齿轮，齿数更多，这些零件都需要精密加工。若能用最简单的二进制，事情就简单多了。现在可能有些小学生都知道二进制，但在当年，二进制可是一个重大的数学发现。这又得归功于前面提到的莱布尼茨先生。

莱布尼茨于1703年在法国《皇家科学院年报》发表了著名的论文《仅

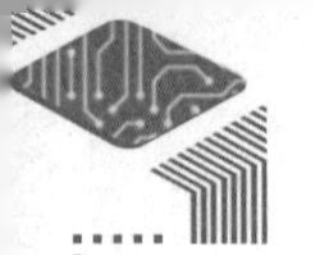

用数字 0 和 1 的二进制算术阐释，兼论其效能及中国古代伏羲图意义的评注》，重新发现了二进制，并阐述了其四则运算规则。二进制有多简单呢？加法口诀只有三句：“0 + 0 = 0，0 + 1 = 1，1 + 1 = 10$_{(2)}$”（注：$_{(2)}$表示二进制，下同）；乘法口诀也只有三句：“00 得 0，01 得 0，11 得 1”。

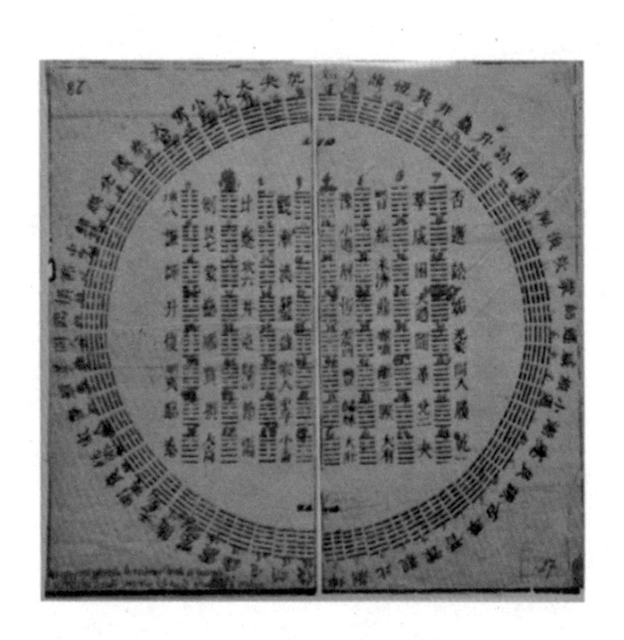

图 1.1　莱布尼茨手稿（莱布尼茨档案馆藏，德国汉诺威）

等一下，伏……羲？

是的，莱布尼茨与当时在中国的法国传教士白晋（Joachim Bouvet）保持了长期的通信。教过康熙皇帝《几何原本》的白晋将当时中国市面上流传的《易经》寄给了他。莱布尼茨发现，《易经》中表述的伏羲六十四卦，在概念上和二进制是相通的。将阴爻（--）记为 0，阳爻（—）记为 1 之后，伏羲六十四卦就对应了 6 比特二进制数 000000$_{(2)}$~111111$_{(2)}$，也就是十进制的 0~63，并且《易经》对六十四卦图形的排序，恰好是符合 0~63 的计数顺序的。图 1.1 是德国汉诺威莱布尼茨档案馆收藏的原始手稿，注意看莱布尼茨亲笔手写的数字，无论是外圈的圆周排列，还是内圈的方阵排列，六十四卦的数字顺序都是正确的。这表明，尽管撰写《易经》的作者大概率是不懂二进制的数学价值与运算方法的，但对二进制计数确实有着朦胧但正确的认识。

莱布尼茨看到《易经》，想必对两三千年前的中国古人会发出相见恨晚的

感慨。再加上对东方神秘帝国的向往，他就把相关内容写进了自己的论文——这可是古代中国文明影响到近代西方科学的为数不多而证据确凿的一个例子。

可惜，法国科学院对这篇论文兴趣不大，认为这只是一个数学游戏，从中看不出有什么用处。

是啊，对于制造机械计算机，二进制相较于十进制每一位的运算变得简单，但也让位数变得更多（十进制的一位，二进制要大约三位半），使机械传动更复杂更困难。事实证明，二进制的概念需要集成电路芯片与之相配合，才能发挥出巨大的潜力。那么，二进制是怎样进行运算的呢?

这还得从英国数学家乔治·布尔（George Boole）于 19 世纪 50 年代提出的二进制逻辑运算体系谈起。

从“0”和“1”开始的异世界——二进制的布尔逻辑

对于二进制计算来说，逻辑运算是比算术运算更基本的操作。那么，什么是逻辑运算，电路又是怎么实现逻辑运算的呢?

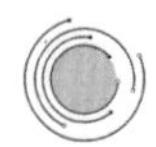

二进制逻辑，以及对应的门电路

我们来看几个简单的电路吧。如图 1.2（a）所示，电路由电池提供能量，两个开关 A 和 B 作为输入，控制灯泡 F_1 的明暗。由于两个开关串联，因此静态场景下，只有当两个开关同时导通时，灯泡才会亮；其他情况下（一通一断，或都断开），灯泡都是暗的。

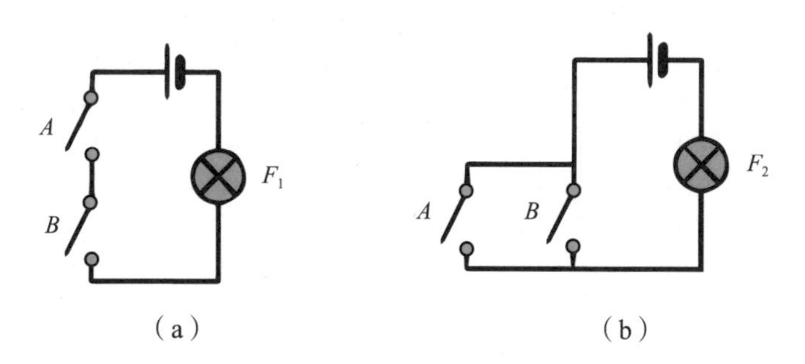

图 1.2　逻辑电路

（a）串联开关的逻辑电路；（b）并联开关的逻辑电路。

如图 1.2（b）所示，同样两个开关 A 和 B 作为输入，控制灯泡 F_2 的明暗。由于两个开关是并联的，只要任意一个开关导通（包括两个开关都导通），灯泡就是亮的；只有当两个开关都断开，灯泡才是暗的。

从上面这些电路的原理，要理解二进制逻辑运算并不难，但针对特定的电路来说明，似乎缺乏普适性。我们能否用更简洁抽象，或者普适的规则来表述这些二进制逻辑运算的功能呢？

首先，作为电路输入的开关，有“导通”和“断开”两个稳定的状态。我们把开关导通记作“1”状态，把开关断开记作“0”状态，也就是电路的输入可以是“0”或“1”两种状态。

其次，作为电路输出的灯泡，同样有“亮”和“暗”两个稳定的状态（这里，我们并不在意灯泡明亮的程度）。我们把灯泡亮定义为“1”状态，把灯泡暗定义为“0”状态。

这样，电路输入 A 和 B 的开关状态，以及灯泡输出 F 的明暗状态，都可以用二进制数字“0”或“1”来表示了。二进制数值又被称为逻辑值，“1”代表真，“0”代表假。因此，电路输入用“0”或“1”表示的 A、B，输出用“0”或“1”表示的 F，这个过程就实现了二进制逻辑运算。

那么，图 1.2（a）对应什么运算呢？因为两个输入 A 和 B，各自可取“0”或“1”两个值，两两组合共有 4 种输入情况。我们可以用列表的方式给出这 4 种可能的输入所对应的输出。表 1.1 用 4 行的表格就完整表述了图 1.2（a）电路所蕴含的二进制输入与输出的对应关系，也就是逻辑关系。这样的表格我们称之为“真值表”（truth table）。

表 1.1 “与”门的真值表以及逻辑符号

输入 A	输入 B	输出 F_1	逻辑符号
0	0	0	
0	1	0	
1	0	0	
1	1	1	

表 1.1 给出了完备的从输入到输出的映射关系，从中我们可以归纳出规则：当且仅当两个开关都导通（$A = B = 1$）时，灯泡才亮（$F_1 = 1$），否则

灯泡为暗（$F_1 = 0$）。这一映射关系实际上定义了从二输入到单输出的一种特定的二进制逻辑运算，其遵循的规则“有0得0，全1得1”，看上去类似二进制的乘法。但在逻辑体系中，我们称其为“与”运算，意思是“A与B都为真，F_1才为真”。其逻辑符号一般记作“·”（这里借用了点乘的数学符号），即：

$$F_1 = A \cdot B$$

能实现“与”运算的电路称为“与”门（这里的“门”，是英文单词gate的直译，统称各类逻辑单元电路），逻辑符号见表1.1。遵循“有0得0，全1得1”的规则，“与”运算及“与”门的定义还可以进一步推广到两个以上多输入的情况。

同样的道理，对于图1.2（b）所示的电路，它的真值表如表1.2所示。

表1.2 “或”门的真值表以及逻辑符号

输入A	输入B	输出F_2	逻辑符号
0	0	0	
0	1	1	
1	0	1	
1	1	1	

我们定义这种“有1得1，全0得0”的逻辑运算，为“或”运算，意思是“A或B有一个为真，F_2即为真”。其逻辑符号记作“+”（这里同样借用了加法的数学符号），即：

$$F_2 = A + B$$

能实现“或”运算的电路结构称为“或”门，逻辑符号见表1.2。“或”运算及“或”门也可以推广到两个以上多输入的情况。

二进制逻辑是对具体电路的数学抽象。那么唠叨了半天，图1.2的逻辑电路到底是啥呢？

一句话概括，图1.2（a）是一个二输入的“与”门，图1.2（b）是一个二输入的“或”门。

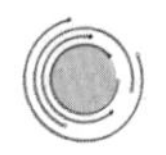

布尔逻辑与基本逻辑运算

除了“与”和“或”运算外，还有一种更简单的二进制逻辑运算。图 1.3 的电路只有一个输入 A，当 $A=1$ 时开关导通，由于灯泡两端短路，灯泡反而不亮了，$F_3=0$；而 $A=0$ 时开关断开，灯泡倒是亮的，$F_3=1$。这个电路由单输入决定单输出，真值表只有 2 行，真的很简单。

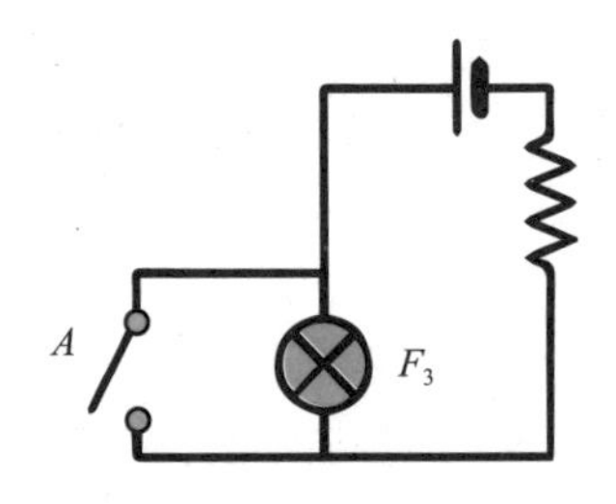

图 1.3 “非”门电路

这种单输入逻辑运算，称为“非”运算，符号为“-”，即：

$$F_3=\overline{A}$$

“非”运算只对单输入有定义，能实现“非”运算的电路称为“非”门，逻辑符号见表 1.3。图 1.3 的逻辑电路就是一个“非”门。

表 1.3 “非”门的真值表

输入 A	输出 F_3	逻辑符号
0	1	
1	0	

上面定义的“与”“或”“非”三种逻辑运算，是比加减乘除更基本的二进制运算（也称逻辑运算，或逻辑操作），是二进制数字逻辑的基础。无论多么复杂的二进制运算，都可以简化为“与”“或”“非”逻辑运算及其组合。另外，上面这三种逻辑操作是有冗余的：通过“与”“非”运算，可以实现“或”运算。更极端的是，只需要二输入“与非”（先“与”后“非”）这一种操作，就可以实现所有种类的二进制逻辑运算。

由此发展出的数字逻辑理论，是由前文提到过的英国数学家布尔在 19

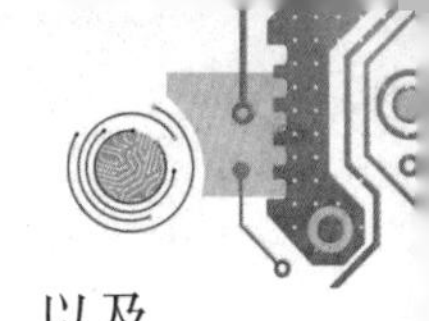

世纪中叶首次系统阐述的，也被称为布尔逻辑。布尔逻辑是数字电路，以及计算机编程软硬件的理论基础。

所以，我们只要设法实现“与”门、“或”门和“非”门等基本逻辑电路的硬件模块，把它们当作积木块，搭出更复杂的逻辑结构，就可以实现各种二进制逻辑运算，乃至算术运算了。

想想帕斯卡、莱布尼茨和巴贝奇这些前辈呕心沥血研究的机械结构，这类二进制的逻辑运算电路是不是简单多了？

芥子须弥——从电动开关到集成电路

怎么实现复杂的二进制逻辑的硬件呢？上一节给出的“开关－灯泡”电路是实现二进制基本逻辑的概念图，其核心是开关。但复杂逻辑运算要求多个基本逻辑门互相连接起来，也就是前级逻辑门的输出可以控制后级逻辑门的输入。“开关－灯泡”电路，输入用的是手动机械开关，输出的却是光。光是无法直接拨动后级逻辑门电路输入机械开关的。因此，这类“开关－灯泡”电路是无法直接前后连接的。

要改造倒也简单，我们知道有一种叫光敏电阻的器件，在无光照射时阻值很大，近似为开路，而在有光照射时阻值很小。如果我们用这种光电开关代替机械开关，并用光纤把前级门电路输出的光信号，传输到后级门电路对应的光电开关，实现对后级门电路的控制。通过“光－电”耦合，就可以实现前后级逻辑门电路的连接了。

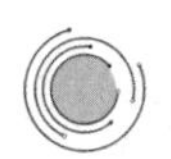

电动开关与电动计算机

只需要有合适的开关，就可以搭建各类逻辑门，实现任意复杂的逻辑运算。这些开关可以通过电学的、光学的、机械的、力学的方法来实现，甚至可以采用基于 DNA 的结构生物学方法，或者游戏《我的世界》里的红石模组等。如果大家看过科幻小说《三体》就会明白，三体星人的人列计算机实际上就是把生命体本身当成逻辑门来用而已。

由此可见，逻辑门的功能虽然是抽象的布尔逻辑，但具体实现方式是千

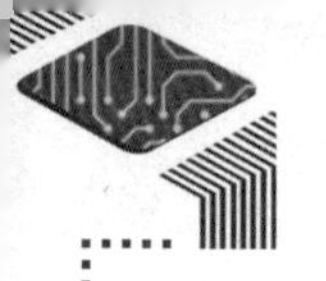

变万化的。工欲善其事，必先利其器，到底哪种实现方式更好呢？在上文里，已经介绍过机械结构，但它的缺点可不少，体积大、易磨损、速度慢、传动复杂、维护运行成本高昂，显然不是理想的开关器件。

那电学的开关呢？电路可以输出一个稳定的高电平和一个稳定的低电平，这天然对应二进制逻辑的“0”和“1”。至于电学开关的好处？那就太多了：电路工作时，物理结构不会移动，无机械磨损，可靠性高；理论上电场可以光速传播，因此电学开关的速度更快。19 世纪末，随着电力电子技术的进步，基于电学器件的计算机凭借其优越的性能而逐渐淘汰了过时的机械计算机。

大家中学里学过的继电器，是通过前级电流的电磁感应来控制本级的开关触点，并可以由本级电路继续控制下一级继电器。继电器开关当然可以用来实现逻辑门。美国国际商业机器公司（IBM）基于继电器开关，于 1944 年制造出了电动计算机马克 1 号，每分钟可以进行 200 次以上的计算。

由于继电器是电学控制器件，故继电器只能称为电动开关。开关本身仍旧是依靠磁力吸引的机械触点，存在机械损耗和可靠性问题。为马克 1 号编程的是一位女性数学家格雷丝·霍波（Grace Hopper）。一天，她在调试程序时发生了故障，拆开继电器，发现有只飞蛾被夹扁在开关触点中间，“卡”住了机器的运行。霍波开玩笑地称机器故障为“Bug（臭虫）”。“debug（去掉臭虫）”也就成为“排错”“纠错”的行业流行俚语。

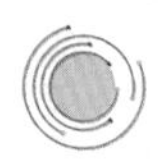

真空管与 ENIAC

电动计算机也被称为最后一代“史前”计算机。而第一代纯电学开关是真空管，它由电信号直接控制导通状态，工作时内部结构不发生任何物理位移。

受到托马斯·A. 爱迪生（Thomas A. Edison）对加热灯丝研究的启发，英国科学家约翰·A. 弗莱明（John A. Fleming）于 1904 年发明了真空管，美国发明家李·德弗雷斯特（Lee deForest）于 1907 年又对其进行了改良。真空管本质上就是一个内腔抽真空以抑制灯丝氧化烧毁的玻璃灯泡管——即使后来的电子管、晶体管等半导体器件和灯泡没有任何相似之处，但将电子开关称

为“某某管”的说法沿用至今。

正常通电状态下，真空管阴极的灯丝发射出的游离电子束（也被称为阴极射线），在电场作用下准确命中阳极的金属靶，因此阴、阳极之间是导通的。在阴极射线方向的侧面安装了一块栅栏状的金属网格，称为栅极。当在栅极上施加适当偏压时，阴极电子束会受到库仑力的影响，发生侧向偏转而无法打到阳极的靶上，这时开关就断开了。从功能上看，栅极作为开关的控制端，控制着阴、阳两极之间信号通路的导通与断开，就像是水龙头控制水管一样，栅极就对应龙头，而阴、阳极就对应进水口和出水口。这样的开关有三个电极，被称作真空三极管。

受第二次世界大战的驱动，1946 年，美国军方以真空管为逻辑元件，制造了世界上第一台电子计算机 ENIAC（Electronic Numerical Integrator And Computer，电子数字积分计算机）。这台计算机的运算速度为每秒 5000 次的加法运算，比使用继电器开关的电动计算机快了 1000 倍。它使用了 1.7 万余只真空管，造价约为 48 万美元，长 30 m、宽 6 m、高 2.4 m，有 40 个机柜，占地面积约 170 m^2，重达 28 t，功耗为 170 kW。虽然没有机械损耗，但真空管发热太大，平均每隔 7 min 就会损坏一只。ENIAC 几乎只有一半时间能正常工作，剩下的一半时间都是工程师在寻找和替换这些罢工的真空管。

显然，作为基本逻辑元件的真空管，其大小、成本、功耗和可靠性，制约了计算机的整体性能的进一步提高。人们需要寻找体积小、发热低、便宜又可靠的新型电子开关器件替代真空管，来制造更高性能的电子计算机。

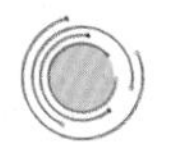

晶体管与集成电路的发明

果不其然。1947 年，美国贝尔实验室（Bell Lab）的科学家威廉·肖克利（William Shockley）、约翰·巴丁（John Bardeen）和沃特·布拉顿（Walt Brattain）基于半导体能带理论发明了一种固态电子开关器件。因为用锗（Ge）、硅（Si）等半导体晶体材料制作，这种器件被称为晶体管。看上去平平无奇的晶体管，却有着无与伦比的优点：没有内部机械构造，不需要灯丝发热，很容易微型化。人们很快意识到，用晶体管代替真空管，一个新的计算时代就要到来了。

9年后的1956年，贝尔实验室研制出了世界上第一台全晶体管计算机，功耗只有100 W，体积约0.085 m^3，计算速度却从每秒几千次一下子提高至几十万次。同年，发明晶体管的三位科学家共同获得了诺贝尔物理学奖（值得一提的是，1972年，巴丁由于提出了阐释超导现象的BCS理论再次获得诺贝尔物理学奖，这次还是三位科学家共同获奖，巴丁依然排第一）。1964年，中国制成了第一台国产全晶体管电子计算机441-B型。

单个的晶体管器件虽然可以做得很小，但需要一个个分别焊接在电路板上，把各个分立器件进行系统集成才能搭出一个完整的电路。这就限制了电路的微型化以及降低成本和提高可靠性。能不能在同一个基底上同时制造出多个晶体管以提高晶体管集成度呢？这就是集成电路的理念。

1958年，美国德州仪器公司（TI）的杰克·基尔比（Jack Kilby）用单一锗晶片作基底，在上面同时制作了晶体管、电阻和电容，并用金线互相连接，集成电路的雏形就此诞生。1959年，美国仙童半导体公司（Fairchild）的罗伯特·N. 诺伊斯（Robert N. Noyce）在硅晶体上采用光刻技术制造出了基于平面隔离工艺的硅集成电路。在单晶片衬底上集成多个晶体管和电阻电容，这就是制造集成电路的前道工艺；让晶体管和电阻电容相互连接，这就是制造集成电路的后道工艺；而光刻更是批量制造集成电路的核心技术。1958—1959年间的这些发明，勾勒出了集成电路行业随后几十年的发展蓝图。

经过几年的发展，1965年Fairchild公司生产出了由50个晶体管组成的集成电路。同年，后来的英特尔公司（Intel）的创始人之一戈登·摩尔（Gordon Moore）梳理了自集成电路发明以来（其实也就短短的5年）的发展趋势，预测芯片上晶体管的集成度将会随时间而指数增长，这一预言被称为摩尔定律（Moore's Law）。在发明集成电路40年后，2000年，基尔比终于获得诺贝尔物理学奖。现如今，美国Cerebras Systems公司发布的人工智能芯片WSE-2集成了2.6万亿个晶体管（2021年4月），60年间芯片集成度提高了10^{12}倍。

集成电路经过半个多世纪的发展，晶体管的微型化上已趋于极致，“摩尔定律已死”的说法不断。即使如此，计算机在未来的继续发展，仍然取决于速度更快、功耗更低、体积更小的开关器件。是否还会有光学的、超导的、量子的，甚至还没被想象出来的物理结构来代替集成电路，突破技术瓶颈？

到那时候，现在的电子计算机完全有可能像曾经的机械计算机一样，被光子、超导、量子计算机所取代而成为历史。而这些未来的故事，就要由诸位年轻读者来书写了。

MOS 开关与 CMOS 逻辑门的实现

晶体管有两大类结构，1947 年最早发明的晶体管是基于电流注入放大的原理，称为双极型晶体管；1970 年以后，由于工艺的进步，另一类基于电场控制导电沟道的所谓场效应晶体管得到了广泛的应用。双极型晶体管通过电流来控制开关，而场效应晶体管则通过电压来控制导电沟道的形成。后者的功耗更小，随着工艺加工的尺度缩小，其整体性能也更好。当前集成电路所使用的主流晶体管叫作金属 – 氧化物 – 半导体场效应晶体管（Metal-Oxide Semiconductor Field-Effect Transistor，MOSFET，简称 MOS 管），这就是一种低功耗的场效应晶体管。

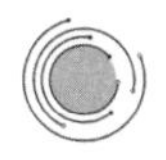

MOS 开关

MOS 管的结构像一个三明治，上层是导体（多晶硅），下层是半导体（单晶硅），中间夹着绝缘的氧化层（纯净的二氧化硅薄层）。既然绝缘层夹在上下导电层之间，那它就等效为一个电容。但 MOS 管不仅仅是一个电容，它的上层导电的多晶硅称为栅极（Gate，简称 G），可以施加控制电压；而下层半导体的单晶硅，左右两端露出栅极的部分，分别称为源极（Source，简称 S）与漏极（Drain，简称 D），源极和漏极之间的半导体特性由栅极控制，可以是导电的，或者不导电。简单地说，MOS 管就是一个由栅极电压控制的开关，开关两端就是源极和漏极。像上一节提过的那样，将 MOS 管的导通用水龙头流水来类比，由龙头栅极控制源极和漏极间的开关状态。

硅基半导体是通过掺入微量元素（称为掺杂）来改变导电性能的。根据掺杂元素的类型，半导体分为 N 型半导体和 P 型半导体，也就是 MOS 管可以分为 NMOS 管与 PMOS 管。如图 1.4 所示，对于 NMOS 管，当栅极电压为高电平（逻辑值“1”），则源极和漏极之间导通；当栅极电压为低电平（逻

辑值“0”)，则源极和漏极之间断开；而对于 PMOS 管，情况恰好相反，栅极为“0”时，源极和漏极之间导通，而栅极电压为“1”时，源极和漏极之间断开。

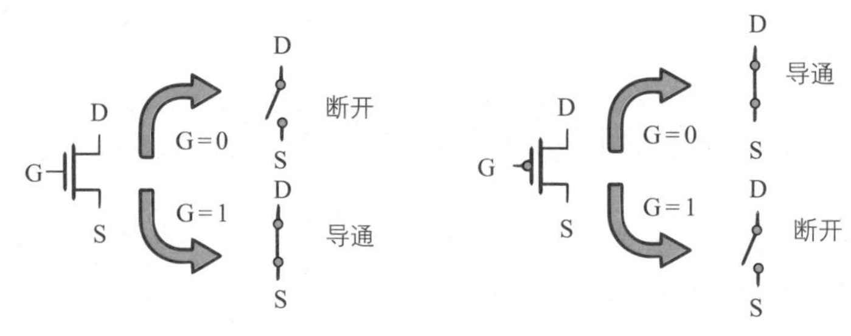

图 1.4　NMOS 管（左）与 PMOS 管（右）的器件符号与开关等效模型

图 1.4 给出了 NMOS 管与 PMOS 管的符号与简化的开关等效模型。两种晶管半导体特性不同，NMOS 管适合用作电路输出端到地电平（GND）之间的电平下拉器件，而 PMOS 管适合用作电路输出端到电源电压（V_{DD}）之间的电平上拉器件。

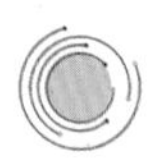

MOS 逻辑门

我们把一个 NMOS 做下拉器件，一个 PMOS 做上拉器件，两个 MOS 的 G 端接在一起作为输入 In，D 端也接在一起作为输出 Out，观察一下这个电路的功能（图 1.5）。

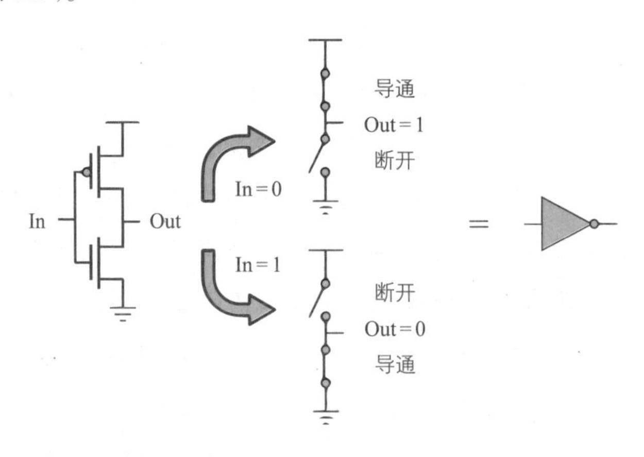

图 1.5　CMOS“非”门电路及其工作原理

当输入 In 为低电平“0”时，NMOS 管的等效开关断开，而 PMOS 管的等效开关导通，这时输出 Out 只连接到电源，输出电压就是电源电压 V_{DD}，也就是逻辑值“1”。

而当输入 In 为高电平“1”时，NMOS 管的等效开关导通，PMOS 管的等效开关断开，这时输出 Out 只连接到地，输出电压就是地电平 GND，也就是逻辑值“0”。

输入“0”时输出为“1”；输入“1”时输出为“0”。这是什么电路呀？对，这就是一个“非”门。

更复杂的逻辑门电路也是类似的结构。我们把下拉网络换成两个串联的 NMOS 开关，把上拉网络换成两个并联的 PMOS 开关，A 和 B 两个输入各自连接到上下一对 MOS 管的栅极，构成了图 1.6 所示的门电路。我们再看看这个电路的功能又是什么。

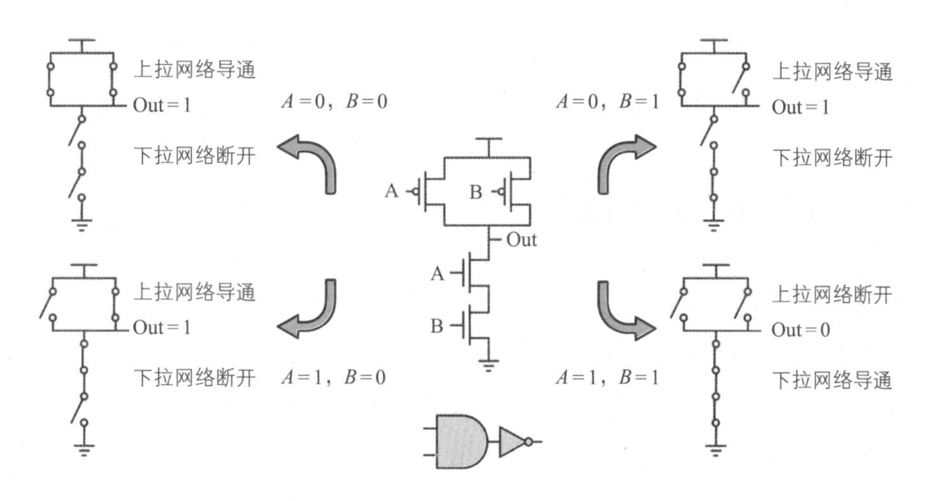

图 1.6　CMOS“与非”门电路及其工作原理

首先，我们注意到两个 PMOS 管是并联的。由于 PMOS 管是栅极输入为“0”而导通的开关，只要 A、B 中的任何一个为“0”，Out 与 V_{DD} 间的 PMOS 并联的上拉网络就导通；只有 A、B 输入都为“1”，两个 PMOS 管都断开，Out 和 V_{DD} 之间的 PMOS 上拉网络才是断开的。

而两个 NMOS 管是串联的，只有当 A、B 输入都为“1”，两个 NMOS 管均导通，Out 和 GND 间的 NMOS 串联的下拉网络才导通；而只要 A、B 中的

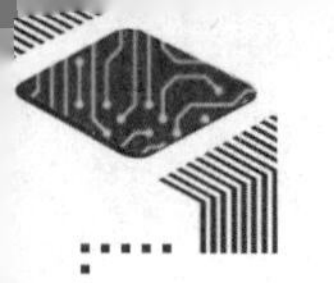

任何一个为“0”，Out 和 GND 间的 NMOS 下拉网络就断开。

综合上面的分析可以得出结论：当 A、B 都为“1”时，NMOS 下拉网络导通，而 PMOS 上拉网络断开，输出为“0”；只要 A、B 任何一个为“0”时，下拉网络就断开，而上拉网络导通，输出为“1”。这样，逻辑门的功能是“有 0 得 1，全 1 得 0”，这其实就是先“与”运算后“非”运算的结果。这种复合的逻辑运算称为“与非”。因此，这个电路就是一个二输入“与非”门。

读者可以尝试着把下拉网络中的两个 NMOS 管改为并联，同时把上拉网络中的两个 PMOS 管改为串联，再分析一下这样修改的电路，逻辑功能有什么变化？其实结论是很明显的，“有 1 得 0，全 0 得 1”，也就是先“或”后“非”。这个复合逻辑称为“或非”门。

之前我们说过，在布尔逻辑的原理中，“与”“或”运算是最基本的逻辑运算，但用 CMOS 集成电路实现时，“与”门和“或”门倒不是最简单的电路单元，要构成“与”门，先要“与非”门再级联一个“非”门；同样，“或”门是“或非”门再级联一个“非”门。所以，在 CMOS 逻辑电路中，“与非”门比“与”门简单，“或非”门比“或”门简单！

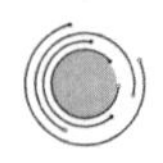

互补特性及其优点

上面的例子中，对于 A、B 四种静态输入组合的任何一种，上拉 PMOS 网络和下拉 NMOS 网络只能导通一侧，而且不会同时断开。大家想一想，如果上拉 PMOS 网络和下拉 NMOS 网络同时断开，那输出就没有确定的逻辑值了；而如果同时导通，输出逻辑值也是不确定的，因为电路中的电源（V_{DD}）和地（GND）直接短路了。

为了确保正常工作，就要求上拉网络和下拉网络在同一时刻是一通一断的，这称为互补（Complementary）特性。而 CMOS 电路就是这类互补结构的电路。电路的互补特性其实是由上、下拉网络拓扑结构的互补来加以保证的。刚才例子中 PMOS 并联开关与 NMOS 串联开关彼此就是一对互补的网络。

上下拉网络不同时导通意味着静态输入下 CMOS 电路中就不会有电流直接从 V_{DD} 流到 GND，也就是说电路没有静态功耗。这是一个独特而巨大的优点。为什么这么说呢？如果有静态功耗，就算一个门电路功耗仅为 0.01 mW

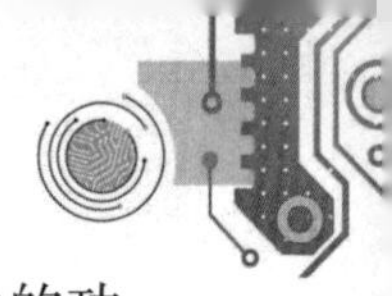

吧，可是一颗芯片上有多少门电路呢？上千万门！聚沙成塔，整颗芯片的功耗可就差不多相当于一个电炉了，而芯片的散热面积却只有指甲盖大，按单位面积计算，它消耗的功率可就比电炉大得多了。

正因为 CMOS 电路无静态功耗，因而芯片整体功耗大幅度减少，待机时间大大延长。因此，从 20 世纪 80 年代起，CMOS 电路逐渐成为集成电路的主流结构。

CMOS 逻辑门的输出是电压，可以直接控制后级逻辑门输入的 MOS 开关栅极，驱动后级电路工作，从此构建复杂的级联电路就变得很简单了。另一方面，逻辑门的输入电压是施加在 MOS 栅电容上的，建立电压需要时间对电容充放电荷。越是先进的工艺，尺寸越小，电容也越小，充放电越快，逻辑门的速度也越快。按照理论推算，每一代工艺进步可以使电路的工作频率提高 40%。集成电路之所以遵循摩尔定律不断向先进工艺节点演进，不仅是为了提高芯片上集成的晶体管数量，同时也是为了获得更快的速度。

万丈高楼平地起——二进制的逻辑与运算电路

说了这些基本的逻辑运算与门电路的知识，那么复杂的运算和信号处理到底是怎么实现的呢？我们来看几个通过基本逻辑门组建起来的数字电路的例子吧。

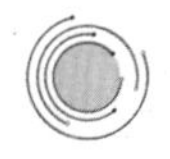

二进制逻辑——以译码器为例

假设有三个输入 In3、In2 和 In1，它们的组合 In3~In1 代表一个 3 位的二进制数，对应到十进制数就是 0~7。我们假设有 8 盏灯，每盏灯的开关分别是 D0~D7。如果要求其中一盏灯亮，其余 7 盏灯暗，那应该怎么控制呢？

首先，每个输入 In3、In2 和 In1，除了它们自己外，各自再通过一个“非”门得到其取反的信号 $\overline{\text{In3}}$、$\overline{\text{In2}}$ 和 $\overline{\text{In1}}$。

D0 只有在输入 000 时，也就是“In3 = 0”，且“In2 = 0”，且“In1 = 0”时，才为 1。“Ini = 0”等价于“$\overline{\text{In}i}$ = 1”，因此，In3~In1 = 000，其实就是 $\overline{\text{In3}}$、$\overline{\text{In2}}$ 和 $\overline{\text{In1}}$ 三个信号都为 1，此时 D0 为 1，其余七种输入情况下 D0 都为 0。

这其实就是一个“全 1 得 1”的三输入“与”运算，即 $D0=\overline{In3}\cdot\overline{In2}\cdot\overline{In1}$。

同样的道理，In3~In1 = 001 时，D1 = 1，其实就是 $\overline{In3}$、$\overline{In2}$ 和 In1 三个信号的“与”运算为 $D1=\overline{In3}\cdot\overline{In2}\cdot In1$。即 In3~In1 = 001 时 D1 为 1。依此类推：

$D2=\overline{In3}\cdot In2\cdot\overline{In1}$，仅在 In3~In1 = 010 时为 1；

$D3=\overline{In3}\cdot In2\cdot In1$，仅在 In3~In1 = 011 时为 1；

$D4=In3\cdot\overline{In2}\cdot\overline{In1}$，仅在 In3~In1 = 100 时为 1；

$D5=In3\cdot\overline{In2}\cdot In1$，仅在 In3~In1 = 101 时为 1；

$D6=In3\cdot In2\cdot\overline{In1}$，仅在 In3~In1 = 110 时为 1；

$D7=In3\cdot In2\cdot In1$，仅在 In3~In1 = 111 时为 1。

我们将上面的 8 个逻辑表达式，用之前介绍的逻辑门符号及其连接关系来表示，画出如下的电路图（图 1.7）。

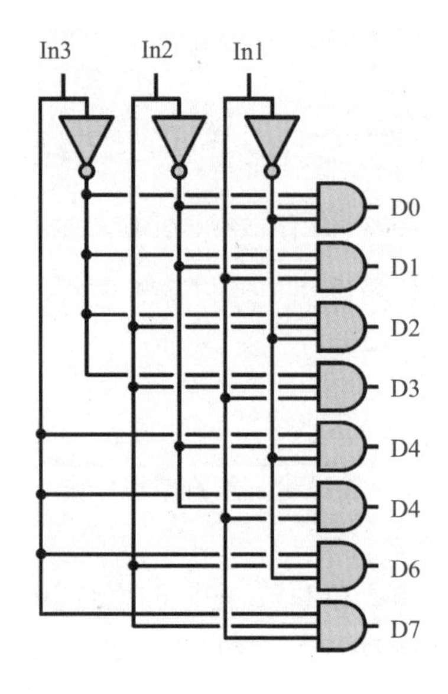

图 1.7　3–8 译码器电路

这种 n 位的输入控制 2^n 个输出信号，并使其中之一唯一有效的电路，常在存储器中用作地址译码（见第五章）。这是最典型的逻辑电路之一。这个简单的由 3 个输入映射到 8 个输出的电路，叫作 3–8 译码器。

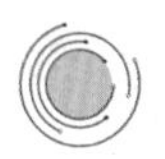

二进制运算——以加法器为例

刚才的例子讲的是逻辑运算，我们再来看一下算术运算。其实，对于二进制数字电路来说，算术运算本质上依然是逻辑运算，只是更复杂一些。

加法是最简单的算术运算了，1 + 1 = 2。但是，对于二进制运算，数字只有 0 和 1，1 + 1 就会产生进位了。我们可以对比一下 3 + 3 = 6 的十进制与二进制的竖式求和。在二进制求和中，第二位的计算除了加数 1 + 1 之外，还要加上来自低位的进位输入 1，从而得到本位加法的求和结果 S 为 1，并且还要进位 1 到高位。

$$\begin{array}{r} 3 \\ +\ 3 \\ \hline 6 \end{array} \qquad \begin{array}{r} 0\ \ 1\ \ 1 \\ +\ 0_{(1)}1_{(1)}1 \\ \hline 1\ \ 1\ \ 0 \end{array}$$

因此，二进制加法的每一位，除了两个加数 A 和 B 外，参与运算的还有低位的进位输入 C_i，而计算结果除了本位的求和结果 S，还有到高位的进位输出 C_O。它的真值表如表 1.4 所示。

表 1.4　全加器真值表

输入			输出	
加数 A	加数 B	进位输入 C_i	求和结果 S	进位输出 C_O
0	0	0	0	0
0	0	1	1	0
0	1	0	1	0
0	1	1	0	1
1	0	0	1	0
1	0	1	0	1
1	1	0	0	1
1	1	1	1	1

这个真值表比较复杂，但可以通过逻辑化简，得到 $C_O=A\cdot B+(A+B)\cdot C_i$，以及 $S=A\oplus B\oplus C_i$。这里 $A\oplus B=A\cdot \overline{B}+\overline{A}\cdot B$ 是新定义的逻辑运算，称为“异或”，它是由“与”“或”“非”运算组成的复合逻辑。因此“异或”门电路也

只是一个由简单门电路组合而成的复合门。

逻辑表达式虽然复杂，但其运算只要可以表达为基本的逻辑运算，就一定可以通过门电路的级联来进行硬件实现。我们把这种输入 A、B、C_i，输出 S、C_O 的单一位求和电路，称为全加器。

有了全加器，就可以做加法了。每位的加法运算由一个全加器实现，输入该位的加数 A 和 B，并输出该位的求和结果 S。至于进位，低位的进位输出 C_O，连接到高位的进位输入 C_i；最低位没有进位输入，令 $C_i = 0$ 即可。这个结构不断级联，就可以实现任意 n 位的二进制加法，最高位的进位输出就是整体求和结果的最高位 S_{n+1}。即 $S_{n+1} \sim S_1 = A_n \sim A_1 + B_n \sim B_1$。这其实和二进制竖式加法的思路是一模一样的。

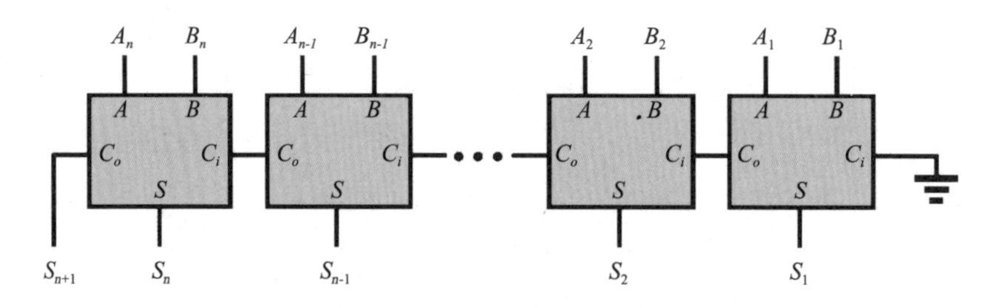

图 1.8　全加器级联的 n 位波动进位加法器

n 位加法器的进位就像波浪一样，从最低位开始，一直传播到最高位。因此这种加法器被称为波动进位加法器（图 1.8）。它的优点是结构简单规整，但缺点是进位需逐位传播，速度比较慢。由于每个全加器都存在工作延时，从输入加数开始，到计算出最高位结果，整个加法需要的延时正比于加数的位宽 n，一般写作 $O(n)$。换句话说，64 位的加法，延时就是 16 位加法的 4 倍，或者 4 位加法的 16 倍（64∶16∶4=16∶4∶1）。当前主流处理器的数据位宽都是 32 位或 64 位。可以想象，这么高位宽的运算，波动进位加法器的速度该有多慢。

要提高运算速度，有两种思路。一种是提高全加器电路本身的速度。采用更先进的工艺，不但集成度高，而且运算速度更快。但即使采用先进工艺，只要是波动进位结构，其延时仍旧是 $O(n)$。

另一种思路是对结构的优化，就加法器具体而言，就是通过提前计算等方法更早地得到高位的进位。设计师们研究了大量的结构，提出了许多加速的方法，加法延时与位宽 n 的关系，可以优化到 $O(\sqrt{n})$，甚至 $O(\lg n)$。对于 $O(\sqrt{n})$ 的结构，64 位加法的延时只有 16 位加法的 2 倍或 4 位加法的 4 倍（$\sqrt{64}:\sqrt{16}:\sqrt{4}=4:2:1$）；对于 $O(\lg n)$ 的结构，64 位加法的延时更是只有 16 位加法的 2 倍或 4 位加法的 3 倍（$\lg 64:\lg 16:\lg 4=3:2:1$）。

有了加法，就可以做减法、乘法；通过更复杂的结构，还可以做除法、开方；通过迭代，甚至可以实现三角函数、指数函数的求解。

超大规模集成电路的设计流程简述

万丈高楼平地起，再复杂的数字芯片，例如存储器、处理器，甚至人工智能芯片，说到底也就是从最基本的“与”“或”“非”门等单元开始，基于逻辑以及算术运算构建出来的。根据系统的需求，将功能描述为对应的逻辑表达式；根据逻辑表达式，优化门电路的级联组合；采用 MOS 管，搭建合适的门电路结构。包含上亿颗晶体管的超大规模集成电路的设计，不仅仅是某个孤立的设计环节，更是自上而下逐渐细化的完整设计流程。

从宏观到微观，从抽象到具体，从功能，到逻辑，到门电路，到晶体管，再到几何布局和连接，最终形成工艺制造所需的版图数据，集成电路的设计工程师，就像是魔术师一样，借助一些简单的道具，大显身手，上演了一幕幕神秘莫测而令人叹为观止的奇幻表演。

第二章　细致入微，用“芯”临摹大自然

——模拟芯片的艺术

身处模拟世界

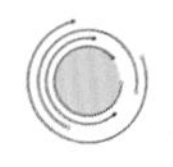

何为模拟芯片

芯片，是将许许多多的电子元器件（我们常说的晶体管、电阻、电容等）放在同一个半导体衬底上，并用导线将它们相互连接起来，形成所谓的集成电路。芯片用于信息处理（信号处理）。按照能够处理的信号类型，芯片可以划分为数字芯片与模拟芯片。数字芯片，顾名思义，就是用于处理数字信号的芯片。而模拟芯片当然就是用来处理模拟信号的芯片。第一章所描述的数字芯片处理的是由“0”和“1”两个离散数值表达的二进制信号。而本章要介绍的模拟芯片处理的是大小随时间而连续改变的信号。听上去，连续变化的模拟信号比数字信号要更精细和复杂一点。我们希望模拟芯片能够分毫不差地复制、放大和传输模拟信号，但你会发现这其实是一件颇为困难的事情。

模拟信号本质上是电磁波。我们生活的环境中，电磁波无处不在。其中，既有要芯片处理的有用信号，也有各种杂散的干扰信号，后者一般称之为噪声。待处理的模拟信号常常受到噪声的干扰。在芯片内部，噪声可以是来自相邻信号的干扰，或是电子元器件内在的物理噪声，也可能是给芯片供

电的电源线上的电压波动。芯片内电子元器件排列得越紧密，噪声对模拟信号的影响就越大。而数字芯片处理的“0”和“1”数字信号用高低分离的两个电压值来表示，无需很精确，对噪声干扰不敏感。

自然界中，你能直接感受到的振动、声音、光线、热量，间接感知的力、电、磁信号等，都是模拟信号。另外，许多人为产生的信号，例如高保真音频信号、无线或有线通信信号，也都是模拟信号。

模拟芯片的功能众多，大致分为模拟信号的感知、放大、信号处理和传送这几类：首先，我们用传感器芯片来感知并获取来自自然界的模拟信号，这可能涉及将光、声、磁等能量信号转换为电信号；然后，用放大器芯片将微弱的模拟信号精确地放大并去除噪声；用收发器芯片将调制好的模拟信息传送到另一个芯片。信号传送过程中为了弥补信号衰减和消除干扰，需要进行信号的功率放大。

至此，数字芯片处理数字信号，模拟芯片处理模拟信号，它们各司其职，各得其所，似乎无所不能。但我们要问一下，数字芯片处理的最原始数字信息来自哪里？当然是来自自然界。比如，天气预测需要用超级计算机分析对地观测卫星所拍摄的云图，而图像就是模拟信息。

显然，数字芯片无法直接处理模拟信息，要让计算机分析云图信息，首先需要借助一种称之为模数转换器的芯片，它将模拟的图像信号转换成对应的“0”“1”数字信号。模数转换器芯片既非单纯的模拟芯片，也非单纯的数字芯片，而是一种数模混合的芯片，或称为混合信号（mixed-signal）芯片。本章也将它作为模拟芯片加以介绍。

这些模拟芯片林林总总，种类繁多。为此，本书分三章介绍。本章介绍模拟信号放大的概念（放大器），以及“模拟－数字”信号转换的概念（模数转换器），第三章介绍高频模拟信号无线传送的概念（收发器），第八章介绍模拟信号感知的概念（传感器）。

讲到这里，我们知道了用这些数字和模拟芯片可以完成信号的获取、放大、转换、处理、存储和传送，概括其过程，大概是这样的（图 2.1）：

⇨ 传感器捕捉来自自然界的电、光、声、力等微弱信号（或能量），并转换为电信号；

⇨ 模拟接收器对微弱信号进行精确放大信号，滤去噪声；

⇨ 模数转换器将处理后的模拟信号转换为一连串“0”“1”数字信号（数据）；

⇨ 处理器通过大量的乘法、加法运算，加工数据，获得各种应用所需的数字信息（例如，医学诊断所需的图像数据）；

⇨ 存储器将完成运算的数据暂存或永久保存在特定的硬件中；

⇨ 对数据信息进行调制和功率放大，再传送到其他电子装备上。

不同类型的芯片前后接力，就完成了信息的感知、放大、转换、处理、存储到传输。

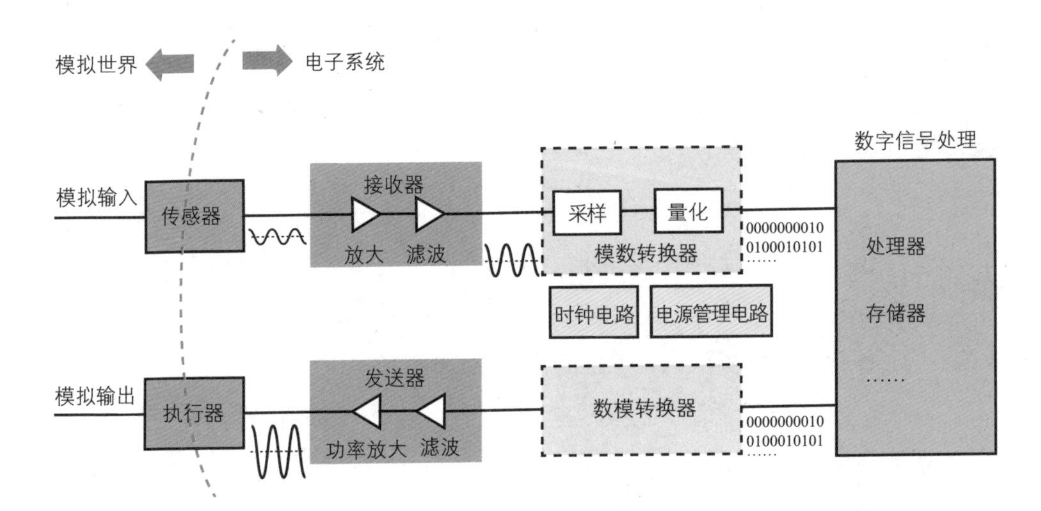

图 2.1　电子系统中的模拟信号处理

回到开始，我们讲到自然界的模拟信号本质就是电磁波。那模拟芯片是如何处理模拟信号的？我们的做法是，给电路输入不同频率的正弦信号，然后观察电路的输出响应，由此了解模拟信号处理的过程。但我们得知道为什么要用正弦波信号表示模拟信号。

为什么是正弦波

首先，我们来看看正弦波的定义是什么。中学数学中，用平面直角坐标系中以角频率 ω 绕原点作匀速圆周运动的质点 P 来定义正弦信号。因为质点在 x 轴和 y 轴上的投影分别是余弦函数和正弦函数，如图 2.2（a）所示。正弦波有三个基本参数：频率、相位和幅度。如果我们了解虚数或复数概念，那么坐标系就成为了复平面，质点可以用复指数来表示。我们将余弦、正弦和复指数函数统称为正弦函数，它们的背后是一个圆。

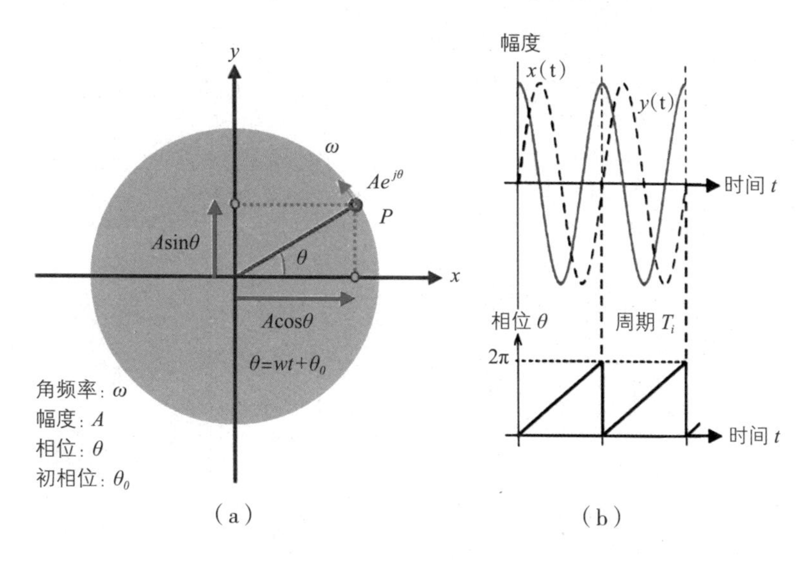

图 2.2　正弦信号定义

（a）正弦波的产生；（b）正弦函数。

现在来回答前面的提问：为什么要用正弦波信号？回答是：任何模拟信号都能用正弦波的叠加来表示。1807 年，活跃在法国大革命时期的数学家让·B. J. 傅里叶（Jean B. J. Fourier），在研究物体热传导问题的论文中断言，所有周期函数可以用成谐波关系的多个正弦波加权和来表示（傅里叶级数），而非周期函数则可以用不成谐波关系的正弦波加权积分来表示（傅里叶积分，或傅里叶变换）。谐波是指频率为一个基本频率整数倍的正弦波。只是，傅里叶的数学证明并不完整。法国数学家皮埃尔·西蒙·拉普拉斯（Pierre Simon Laplace）将局限在圆周上的点推广到整个复平面，提出了拉普拉斯变换。而傅里叶变换则成了拉普拉斯变换的一个特例。

我们常将电路中用到的电子元件简化为参数恒定的线性器件。例如，电阻值恒定的电阻 R，其电压与电流之间呈线性关系。另外两种线性元件是电容 C 和电感 L。其中，线性电容为平板电容，它是由上下两个导电极板和中间的绝缘层构成的，类似“三明治”的结构，如图 2.3（a）所示。电荷存储在电容极板上的情景可以用图 2.3（b）盛满水的容器来类比。容器的底面积

比作电容值 C，容器的高度比作电压 V^*；水体积等于高度与底面积的乘积，比作电荷 Q，即 $Q = C \times V$。当水以一定速率注入容器时，水面高度发生改变。而电荷以一定速率（电流）注入电容时，电压发生改变。因此，电流正比于单位时间内电压的变化速率（在高等数学中，称其为电压对时间的导数或微分），比值为电容值 C。这个结论可以用一个简化的公式表达：$I^* = C \times (\Delta V / \Delta T)$。

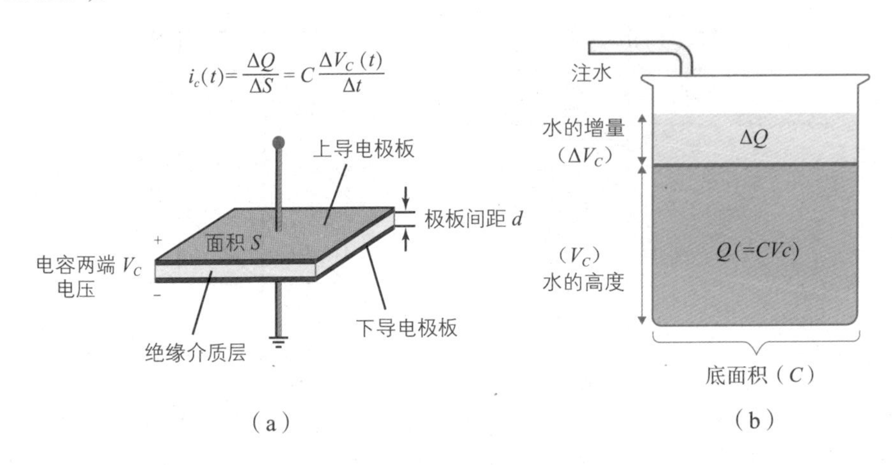

图 2.3　线性电容模型

（a）电容 C;（b）电荷存储的过程。

如果我们关注信号的变化值就会发现一个有趣的现象，正弦波随时间的变化速率（或微分）仍然是正弦波。因此当给电路输入正弦波时，其输出仍然是同频率的正弦波。只是随着频率的改变，输出与输入信号的幅度比值和相位差值发生了改变。采用正弦波分析电路的方法称为交流分析，或频域分析。由于受到初始条件的约束，电路的输出要经历一段时间后趋于稳定，故也称为稳态分析。通过频域分析，我们可以得到电路对不同频率正弦波的响应规律。将幅度比值随频率的变化规律称为电路的幅频特性，将相位差值随频率的变化规律称为电路的相频特性。

除了正弦波信号，我们关注的另一类信号是矩形脉冲，它可以线性组合成一个模拟信号。线性时不变电路对方波输入的输出响应，也足以反映电路的特性。有时我们也采用阶跃输入信号，因为脉冲是由两个不同方向跳变的

* 注：本书中，电压的符号：V 表示直流信号值；v 表示交流信号值。电流的符号：I 表示直流信号值；i 表示交流信号值。

阶跃信号所构成的。这种电路分析方法称为时域分析，或称为瞬态分析。

在研究一个物理现象的时候，人们往往通过建立抽象模型，将复杂的问题简化，以发现背后的规律。上面提及的将电路等效为线性且不随时间改变的系统是将物理问题简化为求解数学线性方程。傅里叶变换和拉普拉斯变换等数学工具是我们研究电路的基础。

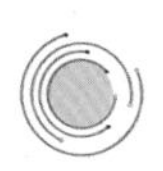

再识晶体管

前面我们了解了电路中有线性元件——电阻 R、电容 C、电感 L，它们的数值恒定，称之为无源器件。我们还需要一个能够放大信号的有源器件——晶体管。晶体管由半导体材料构建而成，种类很多。用硅半导体材料构成的晶体管中，金属氧化物半导体场效应晶体管（MOSFET）最为流行。第一章介绍了在数字芯片中作为微电子开关应用的 MOS 晶体管。这里，从模拟芯片的角度，我们再深入一点了解晶体管的工作原理。

在 MOS 晶体管内部，信号的载体是载流子（carrier）。它们的作用，犹如人们远足时搭载的交通工具。N 型半导体中存在的载流子带负电荷，称之为“电子”；而 P 型半导体中有着大量带正电荷的载流子，称之为“空穴”。下面，我们简单描述载流子的运动方式，再次认识 MOS 晶体管。

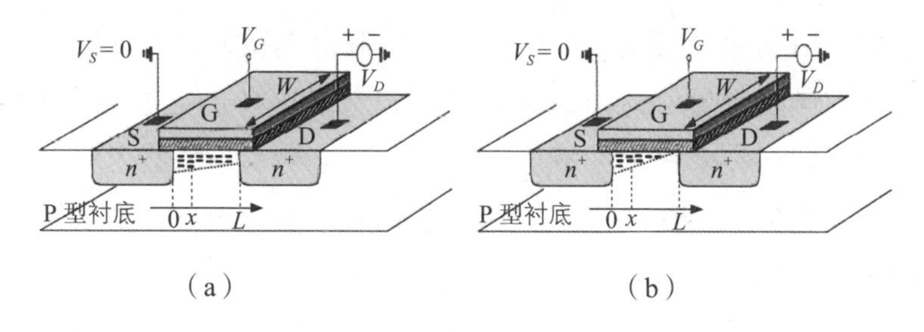

图 2.4　NMOS 管

（a）导通状态；（b）饱和状态。

以图 2.4 中 N 型 MOS 晶体管为例。在两个浓掺杂的 N 型半导体区（源极 S 和漏极 D）之间，是轻掺杂的 P 型半导体衬底，其表面之上是栅氧化层，氧化层之上是金属栅极 G。如果栅极不加正电压，源极中的自由电子无法到达漏极，晶体管的源、漏两端是断开的，称之为截止状态。如果在栅极和源

极之间加正向偏置电压（V_{GS}），衬底的自由电子将被吸引到衬底上表面。当V_{GS}大于某个阈值V_T时，足够数量的自由电子在漏极与源极之间形成导电沟道，但有电阻存在，称之为导通状态。这时，在漏极与源极之间加上正偏电压（V_{DS}），自由电子（负电荷）将从源极流向漏极。继续增加漏极电压将使栅极与漏极之间的正偏电压（V_{GD}）小于阈值（V_T）而不足以形成沟道，于是沟道在漏极附近被夹断了。此时晶体管电流达到了最大值，称之为饱和状态。晶体管的饱和电流正比于有效栅电压（$V_{GS}-V_T$）的平方。

用调节水流的水闸来类比，有效栅电压决定沟道中可移动的载流子数量（就像水闸高度决定水流量）。而漏极与源极之间的电压差就像上下游的水平面落差。在饱和区，由于漏极附近沟道夹断（水闸不完全打开），有效栅电压（水闸高度）单独决定了自由电子从源极（上游）流向漏极（下游）的数量（水流量）。此时，NMOS 晶体管是由栅压控制的恒定电流源。

在对电路进行交流分析时，我们只关注信号的微小变化（小信号模型）。在饱和区中，我们定义了电流微小变化与栅电压微小变化之比，为交流小信号的跨导参数g_m。由此，NMOS 晶体管漏极和源极之间的导通电流可以等效为与栅电压成正比的可控电流源。因为跨导参数g_m恒定，所以从小信号的角度，NMOS 晶体管可以看作是一个线性有源器件。

如前所述，过高的漏极电压使沟道夹断。夹断点向源极移动，使沟道的等效长度变短，其影响称之为短沟道器件效应。这导致了电流随漏极电压的增加而增加。用漏源之间线性电阻（也就是输出电阻r_0）可以反映漏极电压增加对电流的影响。另外，MOS 晶体管还包含了各种寄生电容，比如栅极－氧化层－硅衬底是一个寄生的平板电容，P 型半导体与 N 型半导体的界面构成了 P/N 结寄生电容。事实上，在 MOS 晶体管的四个电极（漏极，源极，栅极，衬底）之间都存在寄生电容。

信号的放大

电路的直流工作点

放大器是最典型的模拟电路之一，主要用来线性地放大一个微弱的模拟信号，并降低噪声的影响。1963 年，Fairchild 公司推出首款集成放大器 μA702，开启了模拟集成电路的时代。

用一个 NMOS 晶体管 M_1 和一个电阻 R 就构成了一个最简单的单管放大器，如图 2.5（a）所示。M_1 将输入电压转换为漏极电流，电流流过电阻 R。电流值乘以电阻值即为输出电压。逐点改变输入电压，输出电压也逐点相应改变。将多个点勾画出一条完整的曲线，称之为静态转移特性曲线，如图 2.5（b）所示。当输入为低电平时，M_1 关断，输出电压上拉为高电平（此时流过电阻的电流很小）。当输入为高电平时，M_1 输出最大电流，输出电压被 M_1 下拉为低电平。如果仅考虑高、低电平输入，晶体管就在截止和线性导通状态之间翻转。电路此时就如同第一章所介绍的反相器。如果输入电压不是高、低电平，而是一个中间的电平，流过晶体管 M_1 与电阻 R 的电流旗鼓相当，输出电压被限制在电源与地之间的一个工作点 A，如图 2.5（b）所示。在点 A 附近很小范围内，输出与输入电压可以看成是线性关系。这时，在输入直流电压上叠加一个微小变化的交流信号，输出直流电压上也将重现一个交流小信号。输出信号完美复制了输入信号的波形，且幅度被放大了。这时，NMOS 晶体管漏极和源极之间有较大的电压，M_1 工作在饱和状态。

放大电路要完美地工作，也就是线性地放大信号，输入和输出直流电压必须偏置在合适的工作点上。放大管和电阻，就像“天神”与“地神”，在进行一场势均力敌的拔河比赛。如果 M_1 电流大，则直流工作点朝下偏移。反之则朝上偏移。通过调整晶体管尺寸和电阻大小，可以找到合适的工作点 A

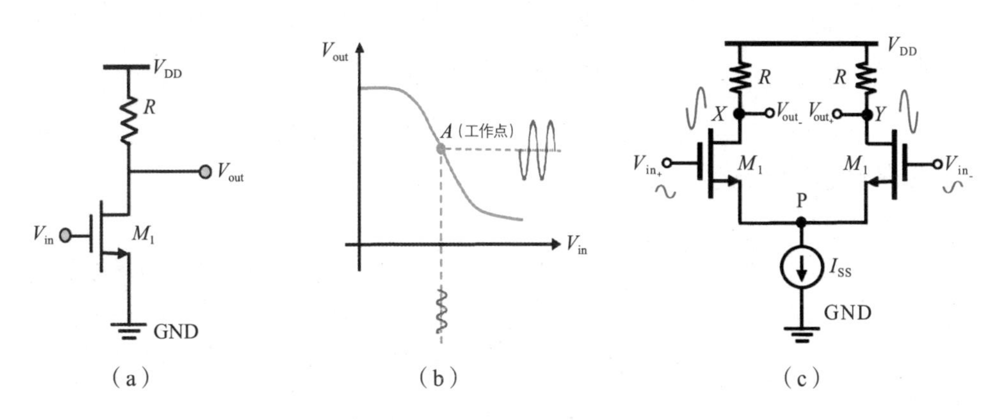

图 2.5　NMOS 放大器电路

（a）单管放大器；（b）静态输入输出转换特性；（c）差分放大器。

位置。当电路越来越复杂，输出节点到电源与地两边串联的元器件越来越多，寻找合适的偏置点就越来越困难。确定电路的直流工作点是一门平衡的艺术，这是每个模拟芯片设计人员所要具备的基本功。

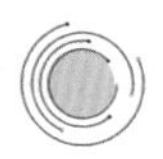

放大器的增益

电路的直流工作点确定后不再改变，此时我们重点关注交流信号的变化。我们不妨将电路中所有的直流电压或电流源视作 0，就得到适合交流分析的小信号等效电路。放大管 M_1 将交流输入电压 v_{in} 转换为一个变化的电流 $g_{m_1}v_{in}$。电流流过电阻 R，建立了一个交流输出电压 $v_{out}=-g_{m_1}v_{in}\times R$。输出电压与输入电压之比等于 $g_{m_1}\times R$，也就是器件跨导与输出节点电阻的乘积。这称之为放大器的增益。

单管放大器的交流输出和参考地之间，是一个电流源与一个电阻的并联。实际上，任何线性电路输出都可以等效为电路的短路电流和输出电阻的并联。这一定理称为诺顿（Norton）定理。

到这里，也许我们会想象，如果电阻 R 无穷大，那么放大器增益是否也趋于无穷大？事实显然不是这样的。因为我们必须考虑到 NMOS 晶体管 M_1 不是一个理想器件，电路的输出电阻为 M_1 的输出电阻 r_{01}。此时放大器增益为 $g_{m_1}r_{01}$。它由 NMOS 晶体管独立确定，称之为本征增益，是此电路所能得到的最大增益。在长沟道情况下，晶体管较为理想，本征增益可达到 100。而晶体管沟道变短后，本征增益下降为长沟道时的十分之一。所以，用先进工艺制作模拟放大器，由于晶体管沟道长度缩短，增益反而是降低了！

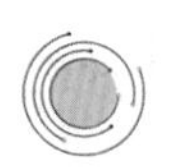

对称的电路

芯片中的元器件，无论是晶体管，还是电阻电容，可供选择的种类少。同时，由于集成电路工艺参数存在统计波动，不同批次生产的器件的数值不一。例如，一个设计值为 1.0 kΩ 的电阻，制造出来的电阻值可能是 1.4 kΩ，也有可能是 0.7 kΩ。相比于分立的电阻，集成的电阻阻值可选范围小，绝对精度差。如何用相对不理想的元件构造精确的模拟电路，成为工程师的关注

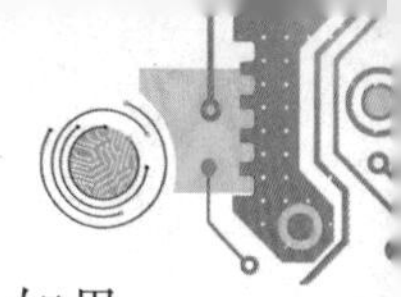

点。幸运的是，模拟电路大师们一开始就发现了集成器件有一个特点，如果两个大小和形状一致的器件靠近排布，它们的匹配程度很高，就像一对“双胞胎”，相对误差很小。因为这个原因，在模拟芯片设计中，我们常利用器件的这种对称性来设计电路。

利用对称性，将单级放大器［图 2.5(a)］改变为差分放大器［图 2.5(c)］。电路的左右 M_1 和 M_2 是完全相同的一对晶体管。M_1 和 M_2 共用一个尾电流源作为直流偏置电流。电路工作时，如果给 M_1 和 M_2 的栅极同时施加一个相同的电压，由于对称性，M_1 和 M_2 平分尾电流源。电路输出 X 和 Y 点的电位相等。因此，当输入的信号 v_{in_+} 和 v_{in_-} 为大小相等方向相同的交流信号时，输出的差分电压 v_{out}（$=v_{out_+}-v_{out_-}$）为 0。反之，如果在直流输入电平上给 M_1 和 M_2 栅极叠加一个方向相反的交流信号 0.5 v_{in}，则 M_1 和 M_2 的电流分别增加 i_{ds} 和 $-i_{ds}$。此时，尾电流不变，电路中的 P 点电平恒定不动，可视为交流接地。对称的电路可拆分成两个完全相同的单级放大器。电路输出 X 点和 Y 点的交流电压变化的方向相反，数值为 $g_{m_{1,2}}R\times0.5\ v_{in}$。差分输出电压 v_{out} 为 $g_{m_{1,2}}v_{in}\times R$。利用器件的匹配性，放大器只放大差分输入信号，故被称为差分放大器。差分放大电路是模拟电路中最重要的发明之一。它的诞生早于半导体晶体管，却在模拟芯片设计中大放异彩。

放大器的频率响应

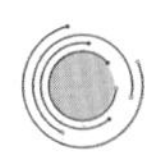

单级放大器的带宽

前面在介绍的信号放大过程时，电路增益似乎与信号频率无关。事实上，这是因为仅仅考虑电阻的作用。如果进一步考虑电路中的电容与电感，我们发现它们不仅对输出信号的大小，也对信号的相位产生影响。为了简化分析，我们讨论电路输出电容是如何影响电路输出响应的。

事实上，如图 2.5（a）所示，放大器的输出是存在负载电容 C_L 的，它通常由晶体管 M_1 的寄生电容和后级电路的输入电容组成。当输入交流信号频率较低时，电容近似于开路，电路增益仍然为 g_mR。但在高频输入时，我们

会发现放大器的增益下降，输出信号的相位后移。这个现象可以用下面的比喻来说明：我们知道，电容极板上电荷数量的变化速率可以衡量电流的大小。就像水注入容器时，水面改变一定高度所需的时间由注水水管的粗细和容器的大小决定。电容上的充电电流大小由电容值（容器大小）与充电晶体管的等效电阻值（水管粗细）决定。在电阻值已确定（也就是由器件尺寸已确定）的情况下，在增加信号变化速率所要求的充放电电流超过电路所能提供的最大电流（水流）后，电压（水的高度）将来不及改变。或者说，高频时载流子或信号电荷将落入电容“陷阱”。

换一个角度来看。在信号高频输入时，电容两端产生相同电荷或电压变化的时间缩短了，这意味着需要增加电流。类比于电阻的“阻值”等于电压除以电流，电容的“阻值”变小了。此时，我们将电容的“阻值”称为阻抗，它与频率成反比。如果认为放大器的增益还是等于跨导乘以输出阻抗，那输出阻抗就等于原来的输出电阻与电容阻抗的并联。重点是，信号频率增加时，这个复合的输出阻抗会变小，也就是电路的增益会降低。电路增益何时随信号频率明显下降？我们可以用一个参数——放大器的带宽，来衡量：定义放大器增益下降 3 dB（此时，放大的幅度变为原来的 $1/\sqrt{2}$）时的角频率为放大器的带宽。放大器增益下降的同时，也造成了输出信号相位的滞后。放大器的这个特点称之为低通滤波特性。显然，放大器的带宽与（输出电阻 × 负载电容）成反比。当电阻 R 趋于无限大时，带宽与 $R_{01}\times C_L$ 成反比。晶体管尺寸缩小使得输出电阻 R_{01} 更小，电容 C_L 更小，因此带宽更大了。所以，先进芯片工艺使得放大器能处理更高频的模拟信号。

除了增益与带宽，放大器还有很多性能参数，例如放大器的线性度、信号摆幅、噪声、功耗、芯片面积等。我们发现，当我们设计优化某一性能参数时，其他性能参数往往变得更差。模拟集成电路的优化设计方案常常是在性能参数之间的折中和平衡。鱼与熊掌，不可兼得。

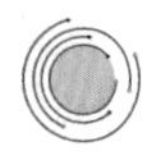

早期成功的商用放大器

串联二级或多级放大器电路能使放大器获得足够大的增益。前面提到的第一款集成放大器芯片 μA702 就是一款 3 级放大器。设计师罗伯特 · J. 威德勒

（Robert J. Widlar）只用 NPN 双极型晶体管就设计出这一划时代的产品。然而它的售价高达 150~300 美元，在商业上并不成功。威德勒与 Fairchild 公司紧接着推出了集成运放 μA709，其增益达到 6 万倍，带宽为 1 MHz。售价从刚上市的 70 美元迅速下降至 10 美元之下，使得模拟集成放大器真正具有了商业竞争力。1968 年，Fairchild 公司又推出了著名的 μA741 集成放大器。从此模拟集成放大器逐渐成为了市场主流。

威德勒是模拟芯片设计的奇才。除了集成放大器，他还最早设计了电流镜、电压带隙基准源等芯片，和开创模拟集成电路设计时代的其他大师们一起建立了模拟芯片的设计范式。

品种繁杂的模拟芯片

模拟信号无处不在。要感受自然界的五彩斑斓，我们需要类型多样的模拟芯片。即便许多模拟芯片有相似的功能，但根据不同的应用场景，其电路参数也不尽相同。因此，模拟芯片的品种繁杂。模拟芯片的分类，按照信号频率大致分为模拟、射频、微波芯片；从功能划分，最受关注的是信号链路上的收发器芯片和电源管理芯片。其中，收发器芯片包含低噪声放大器、滤波器、比较器、基准源等线性电路，以及模数和数模转换器、时钟产生等数模混合电路。电源管理芯片包含了电源的选择、转换、监控与分配等功能。下面，我们针对信号接收链路中模拟信号的调理，以及模拟信号到数字信号的转换，简要介绍模拟芯片的主要功能。

模拟信号的调理

在信号接收链路中，通过放大器来调整接收的交流信号，使其达到合适的幅度并偏置在合适的直流电压上，以满足后续信号处理的要求。由于接收信号的幅度是随时变化的，放大器的增益需要随时改变。前述的差分放大器，如图 2.5（c）所示，通过调节尾电流 I_{SS} 可以改变放大管的跨导与增益，从而变成增益可变的放大器。如果通过数字方式来调节增益，就称为增益可编程放大器。

如上文所述，不同频率的模拟信号通过放大器时会落入电容“陷阱”，从而造成信号衰减与相位落后。实际上，即便通过一段导线，信号也会有衰减与相移。为了弥补衰减，需要在所关注的频率范围内，针对不同频率提升电路增益，使信号增益保持一致。能够提供这样功能的模拟电路称为均衡器。

经过可变增益放大器和均衡器，我们可以将微弱的模拟信号完美地复制并适当地放大。接下来，通过模数转换器将模拟信号转变为数字信号，就可以进行数字信号处理了。

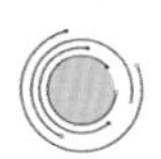

模拟信号到数字信号的转换

模数转换器（Analogto Digital Converter，ADC）的工作通常分为两步：首先是采样，在固定的时间间隔下，电路采集模拟信号；然后是量化，量化器将采样得到的模拟信号用一连串“0”和“1”数字信号来表达。

采样电路可以简单地看成一个 NMOS 晶体管构成的模拟开关，再串接一个电容（图 2.6 上方的电路）。当时钟 CK 为高电平时，晶体管导通，输入信号保存在电容上。当 CK 为低电平时，开关断开，电容上保留了关断前的信号。

量化器用一个二进制数来表示一个模拟信号的大小。就像温度计上的每

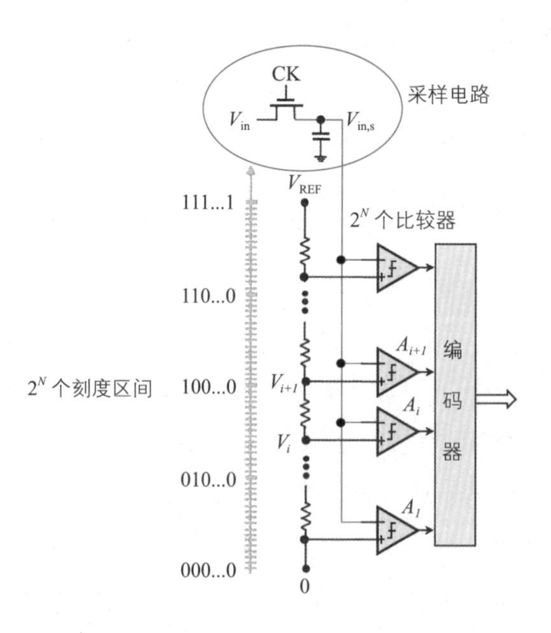

图 2.6　全并行模数转换器

一个刻度代表一个温度值，量化器就是为模拟信号找到对应的刻度区间，用最接近的数字码表达采样的模拟信号。N位的量化器将信号的最大幅度均匀分割成 2^N 个区间。用这样的量化器与采样电路一起构成了 N 位全并行结构的模数转换器。

图 2.6 中的量化器利用一连串的（2^N 个）相同电阻产生参考电压 V_i（$i=0$，...N），采样的模拟信号 V_{in} 通过比较器阵列（也有 2^N 个）与每一个参考值 V_i 比较。如果 $V_i < V_{in} < V_{i+1}$，则比较器 A_i 及其下方的比较器均输出数字“1”，上方的比较器均输出数字“0”。所得到的数字编码近似表达了采样信号的数值。这种数字编码的方式称为温度码。它通过数字译码翻译为由 N 位数字表示的二进制码。该模数转换器在每隔一个时钟周期就完成一次模拟信号的量化，故称之为闪烁型或全并行模数转换器（Flash ADC）。

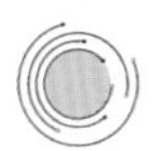

常用的两种模数转换器

全并行模数转换器电路由 2^N 个电阻，2^N 个比较器组成。显然电路与转换位数 N 呈指数（2^N）关系。因此电路功耗大，一般仅用在非常高速且转换位数不高的场合。更为普遍的模数转换器有两类：一是逐次逼近型模数转换器（SAR ADC），二是流水线型模数转换器（Pipelined ADC）。

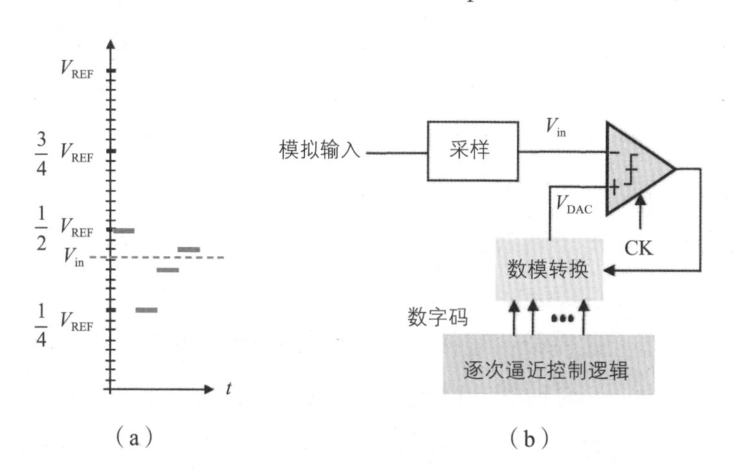

图 2.7　逐次逼近型模数转换器原理
（a）二进制寻码过程；（b）逐次逼近型 ADC 电路结构。

逐次逼近型 ADC 从二进制数字编码的最高位到最低位，逐次逐位搜寻

[图 2.7（a）]，确定最接近采样值的二进制码。具体过程是这样的：第一步，采样值与二分之一 V_{REF} 的比较，产生最高位 MSB。如果 V_{in} 大，则 MSB 为 1。反之，MSB 为 0。第二步，采样值与四分之一的 V_{REF} 比较，产生次高位。以此类推，在以后每个时间节拍中，采样值分别与（3/8）的 V_{REF}、（7/16）的 V_{REF}……比较，最终确定所有二进制数字码。

逐次逼近型 ADC 的工作过程如图 2.7（b）所示：逐次逼近的控制逻辑先预设数字码的最高位 MSB 为 1，余下位为 0。一个辅助的数模转换器（Digital to Analog Converter，DAC）将预设数字码转换为二分之一的模拟参考电压 V_{REF}，采样值与之比较。如果比较结果为负，比较器命令控制逻辑将最高位（MSB）定为 0。下一个时钟周期，控制逻辑将数字码的次高位预设为 1，输入采样值与辅助 DAC 的输出（四分之一的 V_{REF}）比较。因为比较结果为正，确定了次高位（MSB–1）置为 1。依次类推，从最高位到最低位逐次逼近搜寻，在 N 个时钟周期后完成了一个模拟采样值的数字量化与输出。

逐次逼近型 ADC 的优点是，硬件规模小，仅因为用一个比较器进行逐次比较。但同时逐次逼近型模数转换器的工作速度慢。如果我们将 N 个比较器串联成 N 级流水线方式：每一级中，辅助 DAC 只转换一位。这样，在第一个时钟节拍完成最高位的数字转换后，信号交由下一级流水线在下一个时钟节拍去确定次高位数字码。依次类推，同样在 N 个时钟周期后，完成这一模拟采样值的数字量化与输出。由于第一级在完成最高位模数转换后，下一个时钟节拍就可以处理下一个模拟采样值的数字量化。因此，每一个时钟周期模数转换器都能完成一个采样值的量化，故称其为流水线型 ADC。显然流水线型模数转换器速度比逐次逼近型 ADC 快得多。

模数转换器具有不可替代性，因为它是连接模拟世界（自然界）和数字世界（计算机）之间的桥梁。

当然，除了上述模拟信号接收链路以外，还有两类典型的模拟芯片我们尚未介绍。其中之一是时钟产生电路。无论是模拟集成电路，还是数字集成电路，都需要精确的时钟。基准时钟由振荡器和锁相环（Phase Locked Loop，PLL）产生。另一种是电源管理电路，它为电子系统中的不同模块电路提供适合的平稳的供电电源，控制电子系统的能量分布，实现不同电源之间的电平转换，提升能量的使用效率。

模拟芯片设计方法学

对集成电路而言，大量微小的元器件极其紧凑地排布和连接在一起，器件的非线性效应、分布式寄生效应以及器件之间的相互干扰影响了电路的工作。为此我们需要详尽分析以消除影响。如果用手工计算方式分析电路的话，且不说效率低，最关键的是不精准，无法精确预测芯片的实际特性，使得设计盲目而低效。为此，人们开始尝试用计算机代替手工计算，即计算机辅助设计（Computer Aided Design，CAD），目的是提高计算效率和电路分析的精度和规模。早期的 CAD 技术是用来做模拟电路仿真的。

电路仿真程序 SPICE

1966 年，在一次学术会议上，美国加州大学伯克利分校（UC berkeley）教授唐纳德·彼得逊（Donald Pederson）听到一名曾经的学生在抱怨，现有的晶体管模型不能很好地预测所设计的电路。彼得逊教授当时武断地认为一定是电路设计出现了错误。然而，回到学校后，他采用基于线性模型的电路仿真软件，对电路进行了数月的仿真，反复验证后终于发现，只有考虑器件的二级效应，仿真结果才与芯片实际测试结果相近。由此，彼得逊教授跨界为程序员，带领团队编写集成电路分析软件。与此同时，伯克利的另一位教授罗纳德·罗勒（Ronald Rohrer）在研究生课程中要求学生们设计一个“世界上最先进”的电路仿真器，并让彼得逊教授来评判。所有学生中，只有拉里·纳格尔（Larry Nagel）最终编制完成了全部的仿真器代码，并加入了噪声分析功能。他将软件命名为 Cancer。罗勒离开伯克利后，彼得逊教授接替指导纳格尔，并将仿真软件更名为 SPICE（The Simulation Program with Integrated Circuit Emphasis）。1973 年，伯克利宣布将 SPICE 程序开源。

现今，SPICE 电路仿真器已成为模拟电路仿真的行业标准。SPICE 的三种最基本的电路仿真功能是非线性直流分析、非线性瞬态分析与线性交流分析。以此为基础并辅以强大的计算能力，可以形成更强大的电路分析功能，比如蒙特卡洛随机分析（见后面相关小节）。当然，SPICE 有其局限性，其中

之一是电路仿真的精度决定于所用器件模型的精确程度。

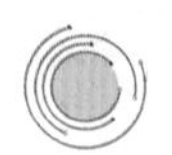

电路仿真用的晶体管模型

初始，SPICE 的双极型晶体管模型采用 Gummel-Poon 模型。然后采用的 MOS 晶体管模型是基于 Shichman-Hodges 模型，用 16 个器件参数分别表征 NMOS 和 PMOS 晶体管，也称为 Level 1 模型。当 MOS 晶体管尺寸不断缩小，要建立物理意义清晰、运算高效的解析公式已几乎不可能了。为此，伯克利研究团队引入经验公式来表征短沟道晶体管特性，开发出 BSIM 系列模型（Berkeley Short-channel IGFET Model）。其中，BSIM3.3 版本的软件用 180 多个器件参数来表征 MOS 晶体管，可以精确地模拟 0.25 μm 微米晶体管。BSIM4 版本模拟的器件尺寸进一步下降至 40~28 nm 。

借助精确的晶体管器件模型和高效的计算机电路分析，使我们能对复杂的模拟芯片进行快速且精确的仿真。然而，计算机电路仿真的局限性在于，它只会告诉我们电路设计是否有错误或性能是否符合设计预期，但永远不会告诉设计师出现错误背后的原因。如果仅仅依赖 SPICE 电路仿真器来设计芯片，你会发现，当电路实际测试和仿真不相符合时，你只能望而兴叹，束手无策。身边的同事会也许会戏称你是会运行 SPICE 软件的“猴子”（a Spice Monkey）。

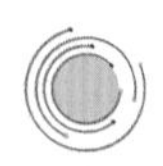

针对 PVT 波动的设计方法

现在我们知道，芯片仿真的准确性取决于晶体管模型。实际情况下，晶体管模型受到集成电路制造工艺的统计波动的影响，它的参数是离散分布的。在不同批次生产，或同一批次生产但晶圆上物理位置不同，元器件的参数可能存在很大的差异。因此，芯片制造厂家通常提供给设计人员三组参数，以 NMOS 晶体管为例，分别是“最快速度”模型，“最慢速度”模型，以及“典型速度”模型。这种以速度为界定的参数组称为“工艺角”（Corner）参数。同样，PMOS 管也有三组工艺角参数。它们各自独立。要保证电路在 3×3 共 9 个工艺角下都能正常工作，需要进行 9 次完整的电路仿真。进一步考虑到环境温度、电源电压的改变对晶体管器件参数的影响，我们还需增加高中低环境温度以及高中低电源电压各 3 组参数。难道真要遍历 81 次的电路仿真？实际上，这样的做法不可行。如何选择尽可能少的 Corner 来提高仿真效率，同时保证芯片在工艺、电源电压和环境温度（Process-Voltage-Temperature，PVT）波动下能正常地工作，这是一项极具挑战性的工作。

模拟芯片设计中，我们常采用蒙特卡洛分析方法，来确定所设计的模拟电路能够承受多大的参数波动范围。蒙特卡洛分析在指定范围内，能够随机地选择一组器件参数值，完成直流、瞬态与交流分析。重复多次蒙特卡洛分析，最终给出仿真性能参数的极限值。

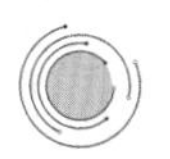

设计中的版图后仿真

模拟芯片的实际性能和物理版图设计密切相关。物理版图设计决定了模拟电路的对称性和寄生的分布特性。当芯片的物理版图设计完成后，集成电路设计自动化软件（Electronic Design Automation，EDA）从版图中提取分布的寄生电容电阻，并将它们加到原先的电路图或电路网表中，完成带版图寄生参数的电路仿真，这称为版图后仿真（Post-layout Simulation）。加了数目众多的寄生器件后，使得等效的电路极其复杂，极大地减缓了电路仿真的速度。例如，完成一个带部分寄生效应的高速高精度模数转换器，电路的仿真时间可能超过一天，甚至可能是一个星期！为了提高仿真效率，我们将一些已经验证过的或不太重要的电路模块用简化的电路模型代替，以加快整体电路的仿真速度。

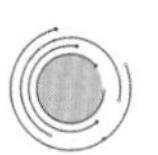

“自下而上”电路模型与“自上而下”的设计

一颗复杂的系统级芯片（System on Chip，SoC）需要采用层次化的设计方法以综合提高电路的仿真效率和准确性。一般，我们用系统级、结构级、晶体管级等设计抽象层次来描述复杂的集成电路。

模拟集成电路可以是单片应用的产品，也可以是嵌入在 SoC 中的一个模块，也称为 IP 核（Intellectual Property Core）。模拟芯片本身是用晶体管级网

络来描述的。工程师在完成电路设计、版图设计后，最终为所设计电路建立一个抽象的IP核电路模型，以便SoC设计人员将该模型嵌入更高的抽象层次，完成含此电路的系统级或结构级设计。这种设计过程称为“自下而上”设计方法。反之，系统级或结构级的设计人员也可以预先规划或定义模拟电路的模型参数，先完成顶层设计，然后将模拟电路的模型参数作为设计指标，要求模拟设计师完成相应的模拟电路设计。这就是“自上而下”的设计方法。因此，对模拟设计工程师而言，“电路－版图－模型”三位一体，才是完整的模拟集成电路设计。

EDA工具可以验证“电路－版图－模型”三者的对等性。但模拟芯片设计无法完全实现自动化设计，需要很多人工干预，因此可能存在设计隐患。发现错误需要设计者具有足够的经验与敏锐的洞察力。有经验的设计师能在不降低电路分析准确性的同时，最大限度对电路进行简化或抽象，以便直观地发现电路设计中的不足之处。这是模拟集成电路设计工程师必备的素质之一。

模拟芯片设计对集成电路工艺的依赖

模拟电路工程师能够优化电路性能使之逼近现有工艺制造的极限，但无法突破工艺对器件及电路的限制。集成电路工艺对于模拟芯片的影响至关重要，不可忽略。在20世纪90年代，美国阿诺德公司（ADI）依靠自己研发的互补双极型（Complementary Bipolar，CB）工艺极大地提高了模数转换器性能，产品独树一帜。意法半导体公司（STMicro）研发的Bipolar-CMOS-DMOS混合工艺（BCD）将三种优势相结合，使得单芯片数模混合电路能同时具备高精度、高功率和低成本的优势。其他工艺如砷化镓（GaAs）工艺、锗硅（GeSi）工艺、氮化镓（GaN）工艺等在各自擅长的模拟芯片应用领域各显其能。但这些工艺不适合大规模数字电路集成。可否将这些模拟芯片与CMOS集成电路进一步集成？或许，多芯片封装（Multi-chip Module，MCM）、三维封装（3D Package）与芯粒（Chiplet）异构技术将会给出答案。

第三章　用“芯”感知，驾驭神秘波
——律动的射频芯片

射频信号——看不见摸不到的电磁波

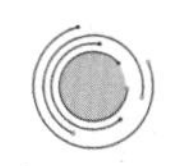

谁发现了隐秘的电磁场与电磁波

电磁场与电磁波是一种无形的物质，既看不见也摸不到。然而它与我们的日常生活紧密相关，与其打交道的设备随处可见。例如，手机、电视机、卫星、电磁炉等。电磁场是电场和磁场的统一体。随时间变化的电场产生磁场，随时间变化的磁场产生电场，两者互为因果。利用电磁场与电磁波可以实现无线通信，而射频芯片是手机中实现通信的核心芯片之一。射频（Radio Frequency，RF）指的是高频率的电磁场和电磁波，它与低频的电磁场和电磁波既有区别，也有联系。首先，我们来了解电磁波被发现的历史。

带电的粒子可以产生电场，恒定的电场无法产生磁场。同样，恒定的磁场也无法产生电场。迈克尔·法拉第（Michael Faraday）是英国著名的物理学家和化学家，出生于萨里郡纽因顿市一个贫苦铁匠家庭。他仅上过小学，是自学成才的科学家。1831 年 10 月 17 日，法拉第发现电磁感应现象，进而得到产生交流电的方法。其发明的圆盘发电机是人类创造的第一个发电机。由于他在电磁学方面作出的伟大贡献，被称为“电学之父”和“交流电之父”。

法拉第揭示了电和磁的内在联系和变化规律：变化的磁场产生电场，运动的电荷产生磁场。变化的电磁场可由变速运动的带电粒子产生，也可由强弱变化的电流引起，电磁场以光速向四周传播，形成电磁波。

亨利希·R. 赫兹（Heinrich R. Hertz）是德国著名的物理学家。他在 1888 年首先证实了电磁波的存在。国际单位制中频率的单位以他的名字命名。电磁波是电磁场的一种运动形态。在高频电磁振荡的情况下，部分能量以辐射方式从空间传播出去，所形成的电波与磁波总称“电磁波”。在高频率的电磁波中，磁场和电场相互转化，从而电能、磁能随着电场与磁场的周期变化以电磁波的形式向空间传播出去。赫兹通过电磁线圈实现了电磁波的发射，用另一套线圈实现了电磁场的接收。电磁场以波的形式存储能量并传递信息，从产生的源头不断向远处扩散。

詹姆斯·C. 麦克斯韦（James C. Maxwell）是英国著名的物理学家。他在 19 世纪建立了描述电场、磁场与电荷密度、电流密度之间关系的一组偏微分方程——麦克斯韦方程组（Maxwell's equations）。麦克斯韦方程组简洁完美地阐述了电磁场的变化规律，预言了电磁波的存在，并推论出电磁波在真空中以光速传播。赫兹的实验证明了麦克斯韦理论的正确性。从此，人类社会进入了电气和电子的时代。

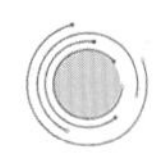

感知和操控电磁波的天线

生活中我们经常会看到波。例如，平静的水面上，行驶的小船会产生涟漪水波。电磁波看不见摸不到，但我们可以通过称为天线的装置，来感知（接收）和产生（发射）电磁波（图 3.1）。

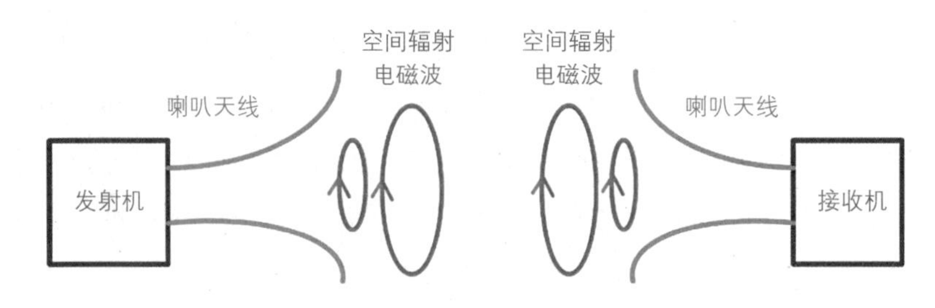

图 3.1　电磁场的发射和接收装置（天线）

将发射机与天线连接，经过调制的高频振荡电流耦合到天线一端。天线的另一端为开放的自由空间，将产生的高频振荡电场辐射出去。辐射到空间的电场就是电磁波，也称为无线电波。电磁波在空间中自由传播，接收天线将接收到的无线电波经馈线送入接收机。从上述过程可以发现，天线既是辐射和接收无线电波的装置，也是能量的转换器，是电路与空间连接的界面。它把电路中的高频电流，或者能量，转换成在自由空间传播的电磁波。同样，它也可以进行相反的转换。

凡是利用电磁波来传递信息的，例如无线电通信、广播、电视、雷达、导航、电子对抗、遥感、射电天文等系统，都依靠天线来工作。

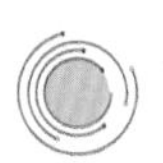

手机与基站如何驾驭电磁波实现通信

手机是目前应用最广泛的移动通信设备之一。正是由于通信科技和芯片技术的不断进步与创新，人类的需求才被不断地激发出来，并得到满足。古人相互间的通信是通过传递书信的方式来实现的，而书信需要通过驿站和车马送达。因此，信息的传递时间漫长，可达数月。古诗云："家书抵万金。"在战场上，古代边关通过点燃烽火，及时传递消息。这是利用光实现通信的最为原始的方式。但这种通信方式受地形和气候的影响很严重，同时要在各种地形条件下大规模建造烽火台也非易事。所以古代的远距离通信的效率极其低下。

从上一节，我们已经了解电磁场与电磁波按照光速传播，每秒可以传播 30 万 km。若能采用电磁波来进行通信，岂不是比车马快了千万倍！电磁波让人类可以实现即时的通信。无线通信历经多次技术迭代，发展极其迅速。从 2G（第二代通信）时代的手机实现语音通信，到 3G 时代的手机可以传输图片，4G 时代的手机可以视频直播，直到目前的 5G 时代正在实现的工业互联网、车联网等新兴应用。那么，手机通信的基本原理是什么呢？为什么可以不远万里，随时随地进行语音和视频呢？

首先，手机上收发的无线电信号在电磁场的作用下在自由空间以光速进行传播。无线电信号包含语音、图片、视频等有用信息。信号收发经历这样的过程：用户将语音、图片或者视频等模拟信息进行数字化，数字化的信息

（一连串的“0”“1”信号）经过一定的格式变换（编码），加载在高频无线电波上，通过前面讲到的发射机发射出去。电磁波在空中传输时是有损耗的。发射的电磁波能量越高，信号就能传得越远。如电视塔为了覆盖宽阔的广播区域，常常需要千瓦（kW）级别的发射功率。但我们个人使用的手机，考虑到辐射对人体的影响，发射的电磁波能量被限制在 1 W 左右。由于手机信号的电磁波能量小，手机信号需要通过中继站点的前后接力，及时补充信号能量以弥补信号的衰减，实现远距离的传输。这个中继站犹如“传话人”，其基本作用就是放大衰弱的信号。承担这个角色的就是无线通信基站，也就是我们日常所见到的尖尖、高高的铁塔，上面架设了包含各种天线、射频收发部件和数字信号处理单元的电信设备。

基站通过天线来收发信息。通过基站到手机、基站到基站的互联互通，连通你我。如果“你”使用的是固定电话，“我”的手机信号要通过程控交换机，与有线电话网连通；如果“你”也用移动电话，基站接到“我”的手机信息后，将其转发到核心网，通过核心网找到覆盖“你”手机的基站，和“你”的手机连通，“你”用手机就可以和“我”通话了。

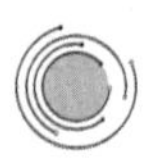

射频芯片隔空传信的内功

上文介绍了手机是如何实现远距离通信的。接下来，我们要了解的是，手机实现远距离通信需要什么样的硬件呢？比照日常生活中，我们每天都在说话，通过语音传递信息。那产生声音的声带就可以称为“硬件”（当然，我们的大脑就是“软件”了，它决定要说什么）。前面我们已经了解了，无线通信就是通过发射和接收无线电信号来实现的。通信常用高频的无线信号，也就是常说的射频（RF）信号。传送射频信号的硬件就是射频收发芯片（RF Transceiver）。通信设备中大量使用各种各样的基本元器件和集成电路，芯片成为信息工业的“粮食”。射频芯片是通信系统的核心器件之一。它将无线电信号转换成通信标准规定的信号波形，并通过天线谐振发射出去。其性能的好坏直接影响无线通信的效率和质量。

射频芯片中包含了接收通道和发射通道两大部分（图 3.2）。按照信号处理的不同功能，射频芯片集成了很多基本功能模块。其中，发射通道包含了放大信号功率的功率放大器（Power Amplifier，PA）、滤去杂波的射频滤波器（Filter）、实现上变频的混频器（Mixer），如图 3.2（a）所示。射频芯片接收通路包含了在噪声环境中放大微弱信号的低噪声放大器（Low Noise Amplifier，LNA）、实现下变频的混频器（Mixer）等，如图 3.2（b）所示。另外，混频需要的本地振荡（Local Oscillator，LO）信号采用 LC（电感电容）结构的振荡器（Oscillator）来实现。

接收电路由天线、滤波器、低噪声放大器、混频器等基本模块组成。当手机接收到无线信号时，天线将基站发送来的电磁波信号转为微弱的交流电流信号。天线的作用是把无线电波转化为高频电流。天线接收的信号经过开关，由射频带通滤波器（RF BPF）滤除其他无用杂波，再由低噪声放大器放大，送入混频器，与通过接收机压控振荡器产生的本振信号进行下变频，解调得到基带（Baseband）信号。它包含了我们常用的语音、图像和音频信号。

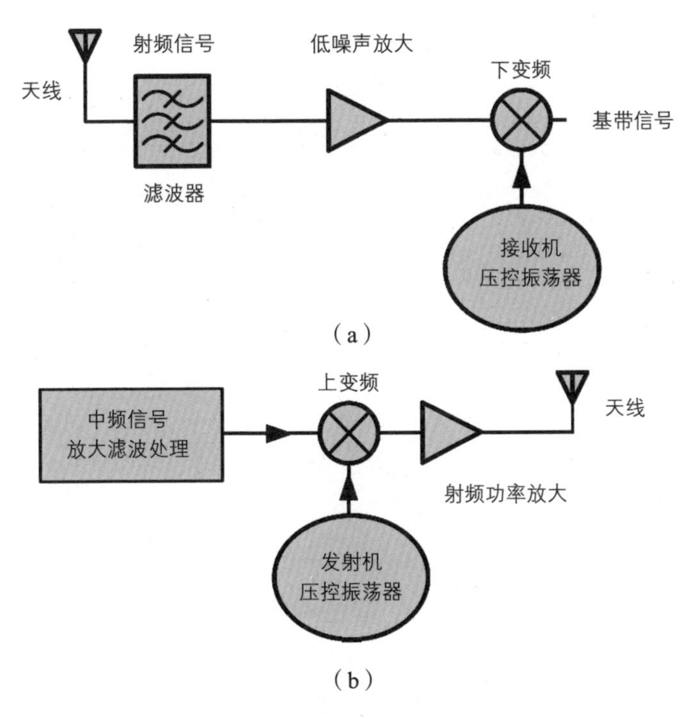

图 3.2　射频接收与发射芯片示意图

（a）接收通路；（b）发射通路。

发射电路由中频信号处理、混频器、发射机压控振荡器、功率放大器等电路模块组成。当发射时，中频信号经过放大处理，与本振信号调制成要发射的高频信号。高频信号经过功率放大器实现功率的放大，放大的信号能量经过天线辐射到空间。

以我们平时经常收听的广播电台为例，来了解无线信号的接收过程中，信号是如何解调的。假如空中传播频率为 1386 kHz 的无线信号，这个信号被天线接收，送入射频放大器，本机振荡器提供 1851 kHz 的本地谐振信号（LO）。射频放大器接收到的射频信号与本机振荡器的 LO 信号在混频器中进行混频（下变频）得到频率为 465 kHz（= 1851 kHz – 1386 kHz）的中频信号，再经过滤波器滤除杂散信号，产生干净的 465 kHz 中频信号。

振荡信号与振荡器——射频芯片的律动之源

上文在介绍发射机与接收机工作过程时，讲到了接收机和发射机都需要一个本地谐振信号用于射频信号的调制解调。产生本地谐振信号的核心器件叫作振荡器。高频的 LO 振荡信号与射频信号或者基带信号进行混频，从而实现信号的调制和解调。高频振荡信号是高频变化的交流电流，例如每秒变化大于 3×10^5 次。以手机为例，接收射频信号时，天线把基站发过来的电磁波转为微弱的交流电流信号，经滤波、放大后，与本振信号进行下变频至中频信号。本振信号产生过程中，振荡器是核心。振荡器犹如射频芯片的心脏，不断搏动，调控无线信号的发射与接收。

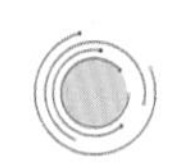

图解振荡现象——从机械振动，到电磁振荡

无论是高频的电子振荡，还是机械振荡，从不同形式的能量来回转换的角度，它们的过程是相类似的。我们以简谐振动为例。简谐运动是最基本的机械振动，也是最容易理解的一个振荡的过程。

假如一个物体放在光滑的平面上［图 3.3（a）］，其左边受到弹簧的一个拉力，物体所受的力跟其位移成正比，并且总是指向平衡位置。物体在弹力的作用下将会做周期性的运动。假如以时间作为横坐标，偏移中心点的距离

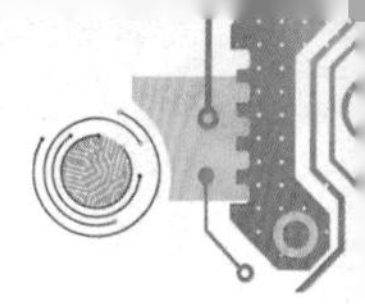

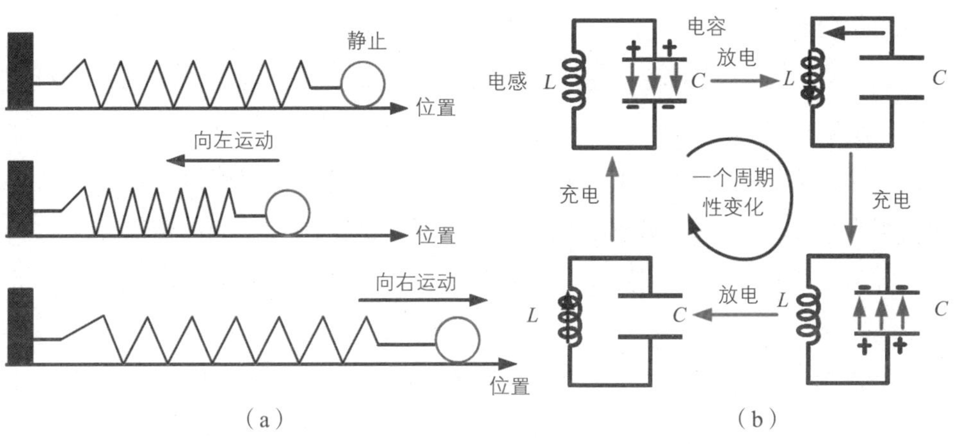

图 3.3　简谐运动与电磁振荡

（a）简谐运动；（b）电磁振荡。

（也就是振动的幅度）作为纵坐标，则幅度信号随时间的变化是一个正弦信号。简谐振动的过程可以看成物体动能和弹簧弹性势能的转换，当弹簧的长度拉伸或者压缩到最大的时候，其速度为 0，也就是物体的动能为 0。我们还可以看到，当物体的动能最大，弹簧的弹性势能为 0。

对于电磁振荡，其过程也类似。最简单的电磁振荡形式就是 LC 振荡器 [图 3.3（b）]。其中，L 表示电感，其主要作用是存储磁场能量；C 为电容，其主要的作用为存储电场能量。

当电容存储的电荷数量达到最大，电容上的电场能达到最大，此时磁场能为 0。当电容上的电荷通过放电产生电流，变化的电流流经线圈产生磁场，电场能转换为磁场能。当电流最大时，电场能完全转化为磁场能，从而实现电场能到磁场能之间的转换。

上述电场能与磁场能来回转换的过程，就是电磁振荡。对比于简谐振荡，电感的磁场能类比为弹簧的弹性势能，电容的电场能类比为物体的动能，磁场能到电场能的转换，电场能到磁场能的转换，分别对应电容的充电和放电的过程。下面稍加详细地描述一下电磁能量相互转换的过程。

放电过程：电场能转化成磁场能的过程。相对于简谐振动中，物体动能转化为弹性势能的过程。在放电过程中，电荷数量减少（$Q\downarrow$）、电容上电压降低（$V\downarrow$）、电场能下降（$E_e\downarrow$）；同时放电电流增加（$I\uparrow$）、线圈中磁感应强度上升（$B\uparrow$）、磁场能增加（$E_m\uparrow$）。由此，电容上的电场能逐渐转变成线

圈中的磁场能。

充电过程：磁场能转化为电场能的过程。相对于简谐振动中，弹性势能转化为动能的过程。由于 L 的自感作用，电路中移动的电荷不会立即停止运动，仍保持原方向流动。在充电过程中，电容上电荷数量增加（$Q\uparrow$）、电容上电压升高（$V\uparrow$）、电场能增加（$E_e\uparrow$）；同时线圈中释放的电流减小（$I\downarrow$）、磁感应强度降低（$B\downarrow$）、磁场能减小（$E_m\downarrow$）。由此，线圈的磁场能向电容的电场能转化。

振荡器是一种能量转换装置，无需外加信号就能产生具有特定频率、振幅和波形的高频交流信号。

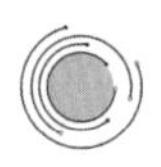

晶体管实现的振荡电路

正如上文所描述的那样，电磁振荡是电场能和磁场能的反复相互转换。将电容的信号强度或者电压作为纵坐标，时间作为横坐标，假设振荡电路没有内在的能量损耗，且不受其他外界因素的影响，振荡会随时间一直持续下去。LC 电路振荡产生特定频率的信号，周期为 $T=2\pi\sqrt{LC}$。理想情况下，LC 振荡电路是一个典型的单端口网络。从能量转化的角度来看，无损振荡能维持稳定的振荡。但是实际情况中，电感存在寄生的电阻，电容存在寄生的电阻，电流流过寄生电阻会产生能量的损耗，从而电磁振荡会逐渐衰减。为了实现持续稳定的电磁振荡，需要用合适的方式来补充能量的损耗。

振荡过程的能量损耗可以通过两种方式来进行补偿：反馈型能量补偿，负电阻型能量补偿。

集成电路中的反馈型振荡电路由射频晶体管与 LC 回路组成。在 LC 充电和放电过程中，电路接通电源时，反馈式振荡器中的射频晶体管源源不断地给 LC 回路补充能量，弥补能量的损耗，使振荡器一直振荡下去。

负电阻型振荡电路由射频负电阻有源器件和 LC 回路构成。在负电阻振荡器中，射频负电阻提供的功率大于 LC 回路正电阻所消耗的功率，电路就能持续振荡。负电阻器件本身存在一种非线性特性，即负电阻的数值随着振荡幅度的增大而变化。当负电阻的数值等于正电阻的数值，振荡幅度就逐渐趋于稳定。

通常，我们会在振荡器电路中引入电压控制的可变电容器。其电容数值受控制电压的影响，即不同的控制电压下，电容器具有不同的电容值。根据上面提到的振荡周期公式，可知不同数值的电容导致不同的振荡周期和频率。由于电容的变化是电压控制导致的，也就是电压的变化调控了振荡信号的频率，这样的振荡器被称为压控振荡器（Voltage Controlled Oscillator，VCO）。

信号的调制和解调——电磁波特征的变化与信息

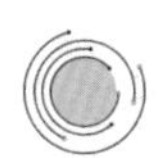

调制和解调的应用与基本原理

从早期的收音机、广播电视、有线电话，到现在的手机、数字电视、3G/4G/5G 蜂窝网，现代社会的通信与传媒方式离不开无线信号的传输。调制是一种将信号与载波相结合的技术，也就是信号对载波进行调制。它将原始信号转变成适合长距离传送的电波信号，广泛应用于无线电广播、无线通信、数据（有线）通信等领域。调制可以将信号的频率搬移到任意位置，从而有利于信号的传送，并使频谱资源得到充分的利用。例如，天线信号要有效地辐射信号，其尺寸要求为信号波长的十分之一。对于语音信号来说，相应的天线尺寸要求在几十公里以上，实际上不可能实现。这就需要通过信号调制，将信号频谱搬移到较高的频率范围。另外，即便原始信号频率足够高，天线尺寸不是问题，但不进行调制就直接辐射信号，各电台所发出信号的频率就会重叠。因此，信号调制的实质就是让相同频率范围的信号分别依托于不同频率上，也就是载波上。这样，接收机就可以分离出各个电台的频率信号，避免互相干扰。依照调制信号的不同方式，调制可分为数字调制和模拟调制。这些不同的调制技术，是以不同的方法将信号和载波进行合成。调制的逆过程叫作解调，以解析出原始的信号。

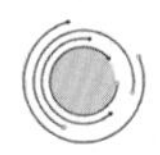

正弦波的三个核心参数

载波（Carrier Wave），或者载频（载波频率）是一个物理概念，是指具有特定频率的无线电波。用芯片实现的载波，主要是通过芯片上的振荡器产

生。对于要求特别高的场合，载波通过锁相环产生。将载波与原始信号（如语音信号）合成叫作混频（或者叫上变频），产生可以在无线信道上传输的电波信号。这就是信号调制的概念。载波频率通常比输入信号的频率高，属于高频信号，输入信号调制到一个高频载波上，就好像人搭乘了一列高铁或一架飞机。然后，加载的信号被发射出去，经过长距离的传输，在目的地被接收。由此看来，载波是传送信息（话音和数据）的物理承载工具。

在没有加载原始信号之前，高频载波信号的幅度是固定的。加载之后，载波信号的幅度就随着原始信号的变化而变化，这就是调幅信号。除此之外，还可以有调相信号、调频信号。载波信号一般是正弦波，载波的频率要求远远高于调制信号的带宽，否则会发生所谓的频谱混叠现象，使传输信号失真。载波信号有三个受控参数——幅度、相位和频率。

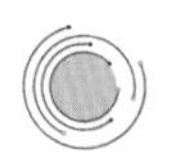

连续时间调制——模拟调制

本书的第一章和第二章，分别解说了数字芯片和模拟芯片。在数字芯片中，电路处理的是二进制的数字信号，信号只有“0”与“1”两个电平。模拟芯片是用来处理随时间连续变化的模拟信号。

模拟连续波调制可以分为幅度调制、频率调制和相位调制三种，信号波形各不相同。在此，我们举例说明正弦载波经过模拟幅度调制和数字幅度调制（图 3.4）后的情形。模拟基带信号是连续的信号，载波信号的频率通常高于基带信号的频率。通过基带的电压幅度调制，产生的模拟调制后的载波信号波形，其幅度随基带信号电压幅度而变，如图 3.4（a）所示。对于数字调制而言，基带信号为一串的“0”“1”数据，载波仍然为高频的正弦信号，数字“0”“1”控制调制信号是无正弦波，还是有正弦波，从而实现数字的幅度调制，如图 3.4（b）所示。

从前文的介绍可知，通过调制可对原始信号进行频谱搬移，使调制的信号适合信道传输的要求，同时也有利于信道复用。例如，将多路基带信号调制到不同的载频上，进行并行传输，实现信道的频分复用。调制方式往往对通信系统的性能有很大的影响。如果调制使某个参数（幅度、相位和频率）的变化连续地与之相对应，被称为模拟调制。

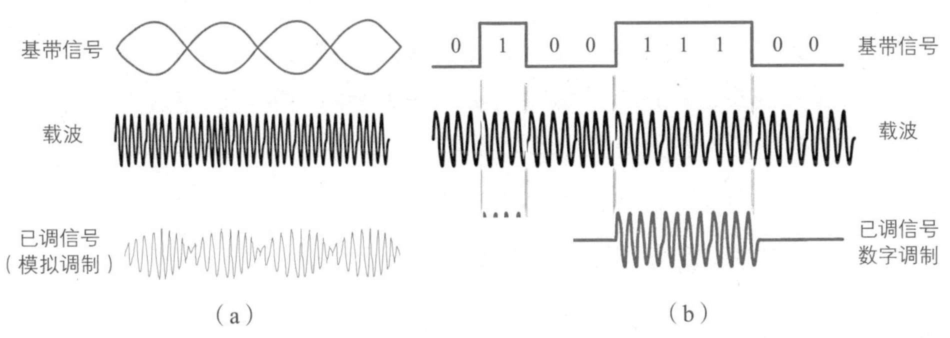

图 3.4　正弦载波的模拟调制幅度信号、数字幅度调制

（a）模拟调制；（b）数字调制。

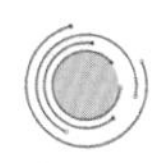

“0”和“1”的调制——数字调制

数字调制是一种为了方便传播，把信息编码后再传输的信号调制方法。例如，在发送语音信号时，通话信息会转变成一连串的数字信号（用“0”和“1”电平表示的二进制代码）。在接收语音信息时，通过解码复原出原始的语音数据。数字调制是现代通信的重要方法，它与模拟调制相比，具有更好的抗干扰性、更强的抗信道损耗以及更好的安全性。数字传输系统可以使用差错控制技术，支持复杂信号条件和处理技术，如信源编码、加密技术以及均衡等。

射频功率放大器——信号长途跋涉的动力源

射频功率放大器是射频芯片中一个最为核心的器件。自 20 世纪 80 年代以来，无线通信技术不断演进升级。40 年的发展，完成了第一代（1G）至第五代（5G）技术的大跃迁。2019 年，我国 5G 技术正式实现商用，5G 网络基础设施开始大批量投入建设。2020 年，全国已建成近 70 万个 5G 基站，占全球的比例接近 70%。5G 连接的终端数目超过 1.8 亿个。国内 5G 相关应用市场在逐步开发中，显示出巨大的潜在价值。

5G 基站和移动终端组成了完整的无线通信体系。正如前文所介绍的，射频芯片实现了手机终端与通信基站之间射频信号的接收与发送。无线通信的

距离主要由发射机的功率放大器决定。射频信号在空气中长距离传播会有很大的损耗，导致高频信号在到达目的地基站时变得很微弱。为此，我们必须采用功率放大器来提高信号的传输功率。毫无疑问，射频功率放大器芯片是保证无线通信信号长距离有效传输的重要“功臣”之一。

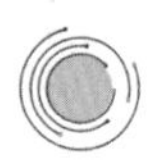

射频功率放大器是如何工作的

功率放大器由功率放大晶体管、偏置电路、输入输出匹配电路等基本模块组成。其中，晶体管是功率放大器的核心，它的作用相当于人的“心脏”。通过对射频信号的放大，实现大功率输出。偏置电路给晶体管提供合理的偏置电压。不同的偏置电压，通过晶体管的不同特性，使功率放大器产生不同的性能。输入输出匹配电路通常由电感、电容等无源器件构成，目的是避免输入信号功率反射，也就是从射频源中获得足够的输入功率，同时避免输出信号功率在负载端反射，尽可能将大部分输出功率送达负载。

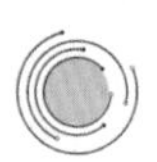

如何衡量射频功率放大的质量

对功率放大器而言，工程师最关心的技术指标是电路的饱和输出功率，即电路能够输出多大的功率。考虑到功率值是电压和电流的乘积，我们希望电路既能输出较大的电压，也要输出较大的电流。同时，电路增益也是功率放大器的主要性能指标，它反映电路放大输入信号的能力，用输出功率与输入功率的比值来衡量。在关注功率放大器的增益和饱和输出功率时，还需要考虑放大输入信号的线性度。理想情况下，功率放大器能够线性地放大信号，避免功率放大过程中的信号失真。在收发系统中，功率放大器的工作电流是最大的，高效率的功率放大有助于减少热损耗，提高系统使用寿命。效率也是功率放大器的重要设计参数。

既然功率放大的重点是输出功率的大小，如何得到大的输出功率一定是研究热点。目前由于芯片制造工艺的局限性，提升单个高频晶体管的输出功率是有上限的。为了寻求更大的功率输出，我们可采用功率合成的技术，即通过汇聚多个高频功率放大晶体管，使各自的输出功率在输出端进行叠加。

功率合成分为三个层次：芯片合成、电路合成以及空间合成。芯片合成是指在芯片内部完成功率合成，即在半导体基片上将独立的晶体管通过功率合成单元，实现输出功率的叠加。电路合成是指在印刷电路板上，使用多个功率放大器芯片作为核心单元，在外围搭建功率合成单元，进行输出功率的叠加。空间合成是指采用大直径的波束或波导模式，与有源器件直接耦合，实现多单元器件的功率直接合成。

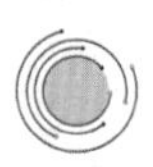

如何选择射频功率放大器的制造工艺

在大功率器件制造方面，有多种半导体材料和相应的制造工艺可供选择。其中，砷化镓（GaAs）、氮化镓（GaN）是主流工艺。它们的优势在于有很高的耐击穿电压，输出功率密度高，是制造高频高功率电路的首选工艺。

砷化镓材料在诸多方面优于硅（Si）材料。这主要是由于电子运动的速度在砷化镓晶体中比在硅材料中要更快。而且砷化镓半导体的禁带宽度和其耐压比硅器件更优。因此，基于砷化镓工艺制造的有源功率器件，在功率密度和使用寿命上均有更好的表现。氮化镓材料作为第三代半导体材料，在禁带宽度、击穿电压和载流子迁移率等方面比第二代的砷化镓材料更有优势。同时，基于氮化镓工艺的有源器件，其截止工作频率远高于砷化镓器件，未来会成为工作频率在 40 GHz 以下的功率器件的主流工艺。

第四章　助力绘就巨幅“芯”蓝图

——芯片设计自动化软件

设计自动化软件——疾速刻画芯片蓝图的利器

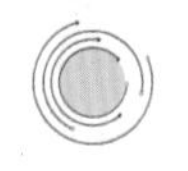

什么是EDA?

近年来，一讲到集成电路行业，EDA这个英文单词就会经常出现在人们的话题中。EDA究竟是什么？其实，它是专门用于集成电路设计，堪称“小众”的一类工业软件。它的全球市场规模为100多亿美元，在集成电路全球市场中的占比仅为2%。但为何它会成为大众和媒体的聚焦点呢？

EDA是电子设计自动化（Electronic Design Automation）的英文缩写。顾名思义，EDA就是用来自动化设计芯片的工具，它是从早期的计算机辅助设计（Computer Aided Design，CAD）、计算机辅助制造（Computer Aided Manufacturing，CAM）等技术发展而来的。具体而言，芯片设计工程师先建立基本的逻辑单元库和更基础的晶体管模型。在此基础上，在计算机上运行EDA软件，自动完成从电路结构设计、电路参数仿真，到物理版图设计等一系列的设计步骤，最终得到可用于芯片制造的设计数据。在集成电路制造工厂，设计数据被用来制作光刻用的光学掩膜版。通过多次“光刻+单步工艺”的循环制造步骤，芯片就被生产出来了。

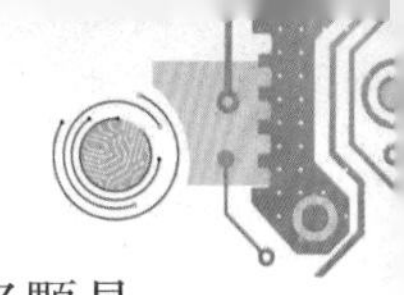

由于现在的集成电路规模巨大，不可能单靠人工方式完成包含上亿颗晶体管的复杂芯片设计，需要借助 EDA 软件完成芯片设计。如果缺少 EDA 工具，芯片只能停留在想象阶段，无法成为现实。因此，作为不可或缺的设计工具，“小众”的 EDA 成为集成电路供应链中的重要一环，日益受到人们的关注。芯片设计公司要合法使用 EDA 软件，就必须购买其许可使用权。

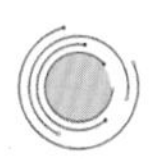

为什么要用 EDA?

集成电路发展早期，由于芯片工艺加工精度较低，加工的元器件尺寸较大（一般为 5~10 μm）。因此，单一芯片只能集成几十个元器件，包括晶体管、电阻和电容等。数字芯片可以实现各种基本逻辑运算功能，如我们在第一章中介绍的“与非”“或非”等简单逻辑运算。模拟芯片主要实现模拟信号的线性放大功能（图 4.1），也就是将微弱的正弦信号按比例精确放大。

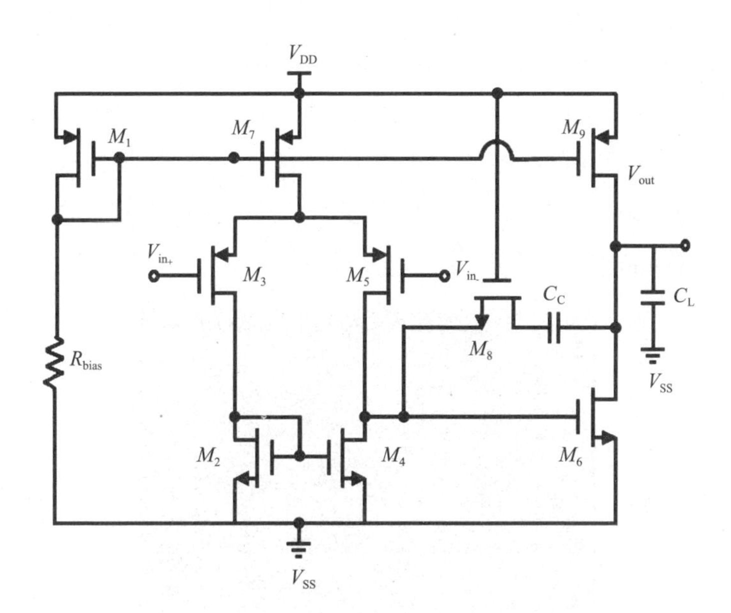

图 4.1 简单的二级放大器电路

我们可以看到图 4.1 的电路中包含了 9 颗 MOS 晶体管（M_1~M_9）、1 个电阻（R_{bias}）和 2 个电容（C_C 和 C_L）。这些晶体管相互连接形成了特定的电路拓扑结构。这样的电路称之为晶体管级（transistor level）电路。如何设计电

路的拓扑结构？如何确定晶体管以及电阻、电容的几何形状和物理尺寸？如何在芯片中排布这些元器件？这是我们将来在大学里要学习的集成电路相关专业知识，是在实际工作中积累工程经验才能回答的基本问题。简要的回答是，首先，我们要详细了解晶体管、电阻、电容等元器件的电学特性，写出元器件各个端口的电压和电流的相互关系（物理方程），根据公式计算不同尺寸下的元器件的电压和电流数值。在此基础上，分析和计算元器件经过互连所形成的拓扑结构中，各个连接点的电压和流经该连接点的电流的数值；最后据此计算出我们关心的电路的各种电学参数，如电压增益、电流增益、线性度、信号建立时间、芯片功耗等。

当互补金属氧化物半导体（Complementary Metal Oxide Semiconductor，CMOS）成为主流的集成电路制造工艺后，按照著名的摩尔定律，集成电路工艺加工精度不断提高，晶体管的尺寸持续缩小，芯片集成的晶体管数目每隔 18 个月翻一番。以英特尔公司（Intel）的处理器为例，2000 年，奔腾 4 处理器芯片采用 180 nm 工艺，集成 4200 万颗晶体管。到 2010 年，酷睿处理器芯片 Core i7 采用 32 nm 工艺，集成的晶体管数量达到 12 亿颗。近年来，CMOS 工艺演进的节奏放缓。即便如此，单芯片集成的晶体管数目突破 300 亿颗几无悬念。AMD 公司的 64 核 128 线程的霄龙处理器 EPYC 就包含了 395.4 亿颗晶体管。随便打开一颗数字芯片，我们都可以看到密密麻麻排布，肉眼无法分辨的晶体管和金属布线（图 4.2）。

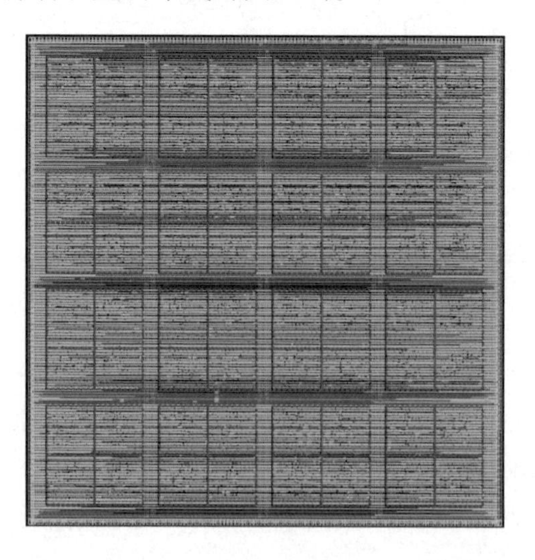

图 4.2　完成布局布线后的数字芯片版图

对于只包含十几颗晶体管的放大器芯片，我们还能用手工方式完成设计。即便如此，手工设计依然要耗费数月，设计效率低下。对于包含上百亿颗晶体管的数字芯片，若要用手工来设计，其工作量就难以想象。更何况，电路复杂度已超越人脑所能，手工设计已无可能。所幸的是，工程师们很早就开始意识到了用计算机代替人脑完成快速和复杂的芯片设计的必要性。

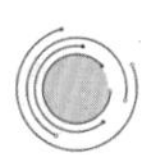

从早期的 CAD，到现在的 EDA

由此，20 世纪 70 年代，计算机辅助设计（CAD）概念诞生了。CAD 软件首先用于设计集成电路的版图。何为版图？我们来回看一下前面的电路图（图 4.1），其中晶体管用图形符号 ⊣ 表示，电阻用 -\/\/\/- 表示，电容用 ⊣⊢ 表示，元器件之间的互连用连线表示。实际芯片中，晶体管、电阻、电容、金属连线是用不同的半导体或金属材料层层堆叠制作出来的。它们是三维的物理结构，其纵向尺寸由芯片制造厂提供，设计师不可以改变；而二维平面的元器件形状和尺寸由工程师来设计，即按照电路图，画出晶体管、电阻、电容，以及金属布线的二维图形，如图 4.3 中所示。这种二维图形称为集成电路版图。用计算机来画集成电路版图，称为版图编辑（Layout Editor）。它用鼠标代替笔来画图，本质上还是人来画。因此，版图编辑就是用计算机来辅助设计版图。但要画 100 亿颗晶体管的芯片版图，计算机辅助设计的效率还是太低了，我们需要用软件来自动画版图。接下来我们要介绍的自动布局布线就实现了版图的自动化设计。

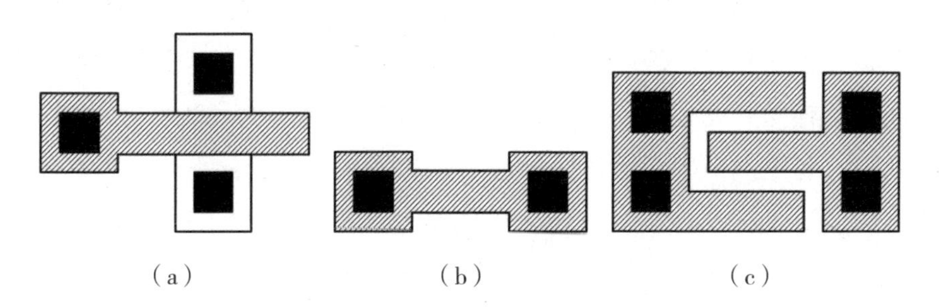

图 4.3　版图中的元器件几何图形

（a）MOS 管的版图图形；（b）电阻的版图图形；（c）电容的版图图形。

上面我们讲到了用计算机辅助版图设计。下面，我们讲一讲用计算机来辅助进行电路仿真（Circuit Simulation）。为何要做电路仿真？我们用晶体管、电阻、电容搭建一个模拟电路，电路能否实现所要求的功能，也就是输入一个信号，电路输出的信号的幅度和相位（参见第二章中的相关定义）是否符合我们的设计目标？这是我们在设计版图之前，必须确定的。如果我们没有察觉到所设计的电路有错误，就去匆匆忙忙设计版图，等到芯片按版图制造出来，再经过芯片封装和测试，才发觉这些错误。显然，此时是无法临时去“修补”电路的。我们不得不从头开始重新设计电路、设计版图和制造芯片。由于制造成本非常昂贵（如 7 nm 的芯片批量制造费用高达上千万美元），重新研发的巨大投入对于一个小公司而言是无法承受的。即便是大公司，重复设计和制造芯片也要耗费大量时间，有时甚至需要一年多。由此错过上市窗口而被竞争对手超越，该产品很可能就此一蹶不振，再无市场机会。

因此，在版图设计前，预测芯片实际制造出来后，电路功能和性能是否达到设计要求，就非常重要。电路仿真的目的就是在设计阶段，提前发现会导致电路功能失效、性能不达标的设计错误，在设计阶段纠错，完成正确和准确的设计，保证芯片制作一次成功。

电路仿真就是发现设计错误的必要手段，它基于电子元器件的物理模型，用算法来求解复杂的电路方程，由此预测电路的行为，即输出信号是如何响应输入信号的。最基本的电路仿真是用 SPICE 仿真器对晶体管级电路进行模拟。SPICE 仿真器可以进行直流信号、交流信号、瞬时信号仿真以及电路功耗仿真。由于仿真精度高，它可以准确地预测芯片的真实性能。SPICE 的原始概念是由美国加州大学伯克利分校的研究人员提出，然后由 EDA 软件公司进行工程化开发，集成电路制造企业配合提供晶体管、电阻、电容、电感等元器件模型，而使得 SPICE 仿真软件逐渐走向成熟。SPICE 包含两个核心技术：一是建立准确的器件模型；二是超大规模非线性常微分方程的快速求解方法。

以单管放大器［图 4.4（a）］为例，来说明 SPICE 是如何进行电路仿真的。SPICE 要对电路拓扑结构（晶体管网表）进行分析，首先需要将非线性的 MOS 晶体管替换为由线性受控电流源和线性电阻、电容等构成的小信号等效电路［图 4.4（b）］。此时，MOS 管 M_1 可以等效为一个压控电流源。由于

g_{m_1} 是常数，受控电流源 $g_{m_1} \times v_{in}$ 是一个线性电流源。第二步，根据等效电路图来建立电路的节点方程［图 4.4（b）］。电路中只有输出点信号 v_{out} 是未知的。现在，我们来求解 v_{out}。

电流源将输入的交流小信号 v_{in} 转换为一个变化的交流电流 $g_{m_1} \times v_{in}$。电流流过电阻 R，建立了一个交流小信号 $v_{out} = -g_{m_1} \times v_{in} \times R$。

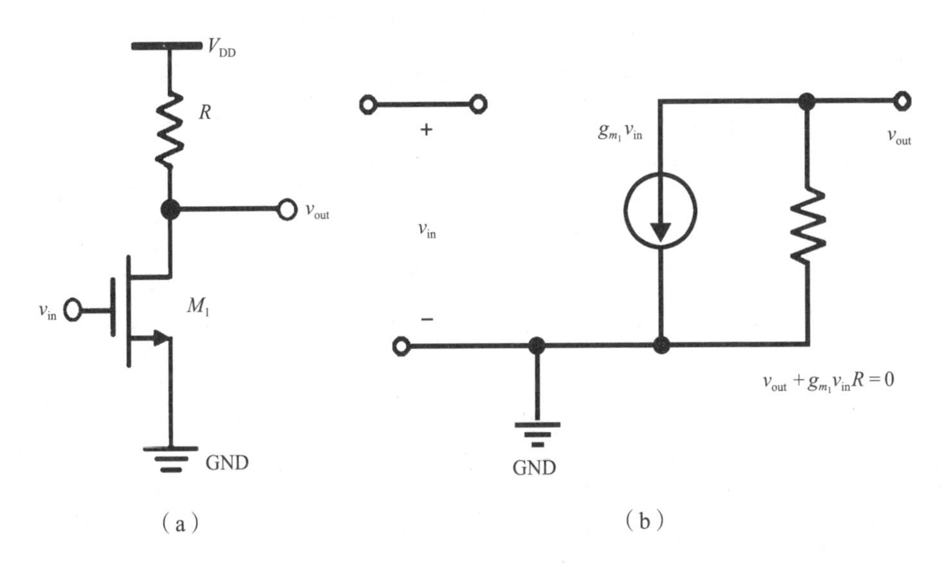

图 4.4　单管放大器

（a）晶体管级电路图；（b）小信号等效电路及输出节点方程。

当然，单管放大器的电路仿真只是一个很简单的例子。实际电路的仿真要复杂得多。

首先，精确仿真电路需要更为复杂的 MOS 晶体管模型，而不是简单的线性压控电流源。不同工艺的晶体管模型是不同的。迄今为止，集成电路制造厂商开发的各种晶体管模型，林林总总不下数十种。复杂的模型意味着模型中的参数非常多，基于模型的电路仿真就是求解复杂的电路方程。求解这些非线性常微分方程，比中学讲到的方程求解要复杂得多。

其次，现代集成电路电路规模要比早期的单管放大器大得多，常常需要建立并求解上万个电路节点方程。即便用 SPICE 进行仿真，要快速求解超大规模的非线性常微分方程，依然是非常困难的。好在电路仿真技术在不断发展，在 SPICE 的基础上，工程师们进一步开发了基于查找表方式（Table Looking-up）的 SPICE 加速软件（Fast-SPICE），使得大规模的电路仿真变得

可能。当然，计算机硬件的发展也大幅提升了电路仿真软件运行的效率。

我们采用电路仿真软件来对电路功能、性能，甚至电路功耗进行精确、快速和完备的仿真。通过进一步计算，来判断电路是否达到设计要求。若偏离要求，我们需要修改晶体管、电阻、电容的几何图形和特征尺寸，也就是调整电学参数，再进行电路仿真。经过多次调整，电路才能逐步达到设计的预期目标。如何调整设计参数，需要工程师深刻理解电路的物理本质。

到现在为止，我们讲了计算机辅助设计（CAD）的两个基本概念——电路仿真和版图编辑。它们用计算机辅助设计方式代替手工设计方式，确实大大提高了设计的效率和准确性。同时，设计数字化可以让我们很方便地重现设计、修改设计或将设计转移到不同的工艺线上去进行生产。但 CAD 本质上还是依赖人脑来设计电路，也就是电路拓扑结构或者版图还是由人来设计，无法让软件自动化完成。模拟芯片集成的晶体管数目不太多（大多包含 100~1000 颗晶体管），依赖人工还有可能完成电路结构和物理版图设计。但对于动辄集成上亿颗晶体管的数字芯片，手工方式完全无法完成电路和版图设计。

面对手工设计的困境，在语言编程设计芯片的思想启蒙下，20 世纪 70 年代末，一种称为硬件描述语言（Hardware Description Language，HDL）的软件诞生了，它使芯片的设计方法学发生了革命性的改变。这个改变包含两个要点：一是基于语言的层次化设计，二是综合（Synthesis）的自动化设计。

首先，我们分多个层次来描述电路。这是因为用一个层次来描述超大规模的电路，会过于复杂。如果电路出现问题，修改的过程会很漫长而不可行。采用多层次的电路描述，电路描述的复杂度自上而下按几何级数逐级增加。

最顶层描述的是逻辑功能，不包含电路结构细节，较为简洁。我们采用类似计算机编程的语言，简要描述电路最本质的功能——数据如何从一个运算转移到另一个运算（专业术语叫作寄存器级逻辑传输，英文缩写为 RTL）。此时的电路仿真是行为级（Behavior）仿真，重点仿真电路运算的功能。

在电路设计的第二层，我们用逻辑网表（Netlist）来更仔细地描述电路的逻辑结构，也就是用众多基本逻辑门（如第一章中介绍的“与非”门等），来刻画逻辑层面的电路。逻辑电路包含了较为细致的物理细节，例如，电路输入到输出的信号延时、输出驱动电流的大小、电路占用的芯片面积等。电

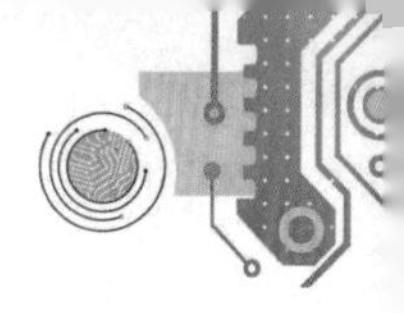

路仿真包括逻辑验证（Logic Verification）和时序分析（Timing Analysis）。

设计的第三层，也就是底层，是芯片版图设计。二维版图与我们用显微镜看到的实际芯片表面图形是完全一致的，它详细描述了电路中所有晶体管、电阻、电容、金属连线的几何形状和摆放的物理位置。由此，我们可以从版图上精确计算出元器件和互连线所附带的各种寄生电学参数，加入仿真的网表，准确预测芯片能够达到的实际性能指标。这一过程称之为寄生参数提取（Parameter Extraction）与版图后仿真（Post-Layout Simulation）。

从上一层设计转换到下一层设计的过程，我们称之为综合（Synthesis）。将硬件描述语言描述的 RTL 文本转换到逻辑网表，称之为逻辑综合，将逻辑网表转换到物理版图，称之为物理综合。从 RTL 代码、逻辑网表到物理版图，设计数据的格式各不相同，但蕴含的逻辑功能是一致的。这是由综合软件来保证的。在这个意义上，综合软件的使用推动了设计自动化。逐级往下，电路设计数据中包含的物理细节越多，仿真的复杂度和精度越高，耗时也越长。

专业的综合工具让芯片架构工程师不再纠结于电路内部拓扑结构如何设计，转而专注于逻辑功能层面、数据处理层面的设计；让版图设计工程师只关心芯片的二维图形设计。这种分而治之的细分化设计理念，可以让芯片设计以一种流水生产线的方式进行：每个工程师专做其中一个环节，通过团队的前后接力，完成完整的芯片设计。

使用硬件描述语言降低了从事集成电路设计工作的专业门槛，更多不是微电子专业背景的人，如电子工程、计算机、软件工程，甚至自动化专业的学生或工程师，也能很快学会芯片设计。事实上，要设计一颗复杂的处理器芯片，需要大量的软硬件工程师共同参与，设计团队常常达到数百人的规模，对专业人才的数量和质量要求都很高。因此，集成电路设计企业对专业人才的需求是十分迫切的。

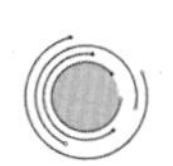

何谓设计流程？

通过上文介绍，我们知道了集成电路设计从早期 CAD 阶段，逐步走向了 EDA 阶段。到 20 世纪末，EDA 发展进入黄金时期，电路分析和验证的环节越来越细化，设计考虑的物理因素越来越多，如热量分布、芯片故障、工

艺波动、供电电源网络波动和均匀性、时钟信号的抖动和偏差、芯片可制造性、宇宙射线辐照等。EDA 工具功能和种类越来越丰富，呈现出百家争鸣的局面，商业化进程不断加速。

EDA 作为工业软件，其知识产权需要得到严格保护。设计企业必须通过购买软件的许可使用权来合法使用 EDA，并获得软件公司的技术维护。软件许可使用费随着软件功能的升级和工具数量的增加而不断提高。一个大型集成电路设计公司每年花费的 EDA 软件许可使用费可以达到数千万元，甚至更高。

设计人员在多个 EDA 工具的支撑下，依次完成芯片设计的每一步，这个过程称之为设计流程（Design Flow）。下面，我们将以自动化的数字集成电路设计流程为例，看看 EDA 软件是如何驾驭上亿颗元器件完成一款极其复杂的数字芯片设计的。

林林总总的EDA 软件——让芯片从梦想变为现实

从第一章可知，根据处理信号类型的不同，集成电路分为数字芯片和模拟芯片。数字芯片处理“0”或“1”的数字信号，其设计可以模块化。几乎所有的数字芯片都可以用有限种类的基本逻辑门，如“与”门、“或”门、“非”门等，来相互连接，形成应用要求的功能。

芯片制造企业会根据各种不同种类的工艺，向设计人员提供一个称之为“工艺 - 设计”套件（Process Design Kits，PDK），其中包含了标准单元库（含基本逻辑单元）和晶体管、电阻、电容的电路仿真模型。

基于 PDK 套件和 EDA 软件，设计工程师能够完成从电路功能定义、电路结构（行为级）描述和功能验证、门级电路的自动生成和性能仿真、芯片版图的自动生成和物理验证等芯片设计的全过程，辅之以少量的人工干预，得到芯片制造需要的设计数据。

然后，就将这些特定格式的数据送到集成电路制造企业，以完成光学掩膜版制作和芯片制造。这个环节称为芯片数据交付（tape-out）。为啥叫 tape-out？这是因为在早期，工程师是将设计好的版图数据存放在磁带（tape）上，然后送往集成电路制造企业。

设计人员如何进行芯片设计？这里给出一个例子，用硬件描述语言来描述一个加法电路（图 4.5）。假定电路按顺序依次输入 5 个数据 *a~e*，通过加法电路输出三个信号 sum1、sum2、sum3。

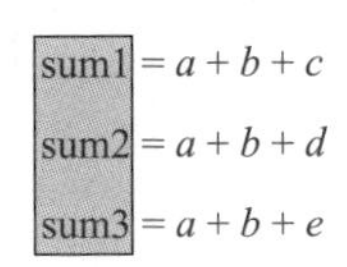

图 4.5　用硬件描述语言表示的加法电路

如果采用人工设计，第一步是列出输入与输出的逻辑真值表，得到输出与输入的关系；第二步要对逻辑关系进行化简，用一系列基本的逻辑单元来表示简化的逻辑关系，形成网络化的逻辑电路；第三步要考虑将电路转换为物理版图。具体而言，将晶体管的二维平面几何图形画出来，用等宽的金属连线将不同的晶体管图形连接起来，最后形成四四方方的完整芯片的版图。为了验证版图蕴含的逻辑是不是完全等同于逻辑电路，这需要人脑做逻辑一致性的判断。可以想象，要对包含百亿颗晶体管的数字芯片完成上面所有的设计步骤，该是多么复杂、多么棘手的事情啊。

幸运的是，现在有了非常强大的 EDA 工具，设计中需要解决的方方面面难题，都可以用设计软件自动完成。下文，按设计流程的顺序，逐一向大家介绍主要的点工具（即专门完成一个设计步骤的 EDA 软件）。

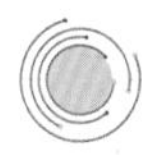

硬件描述语言

相信很多高中生或多或少都接触过编程。我们在用软件编程的时候，会先选一种特定的语言（比如 C 语言、Python 等），遵守其特定的语法，来描述需要计算机执行的功能。只要语法和算法正确，计算机就能按照代码执行特定的功能，比如自动从网络上下载我们想要的图片等。

硬件描述语言也是这样一种计算机语言，只不过它描述的对象是集成电路。我们用它来描述一个电路的行为功能（称之为行为级描述），以此来设计芯片。目前应用最广泛的硬件描述语言是 Verilog 和 VHDL，它们是在 20 世纪 80 年代中期开发出来的。其差别在于，前者基于 C 语言创建，更容易被初学者掌握，拥有更广泛的用户群体和更为丰富成熟的资源。后者相对而言

不够直观，掌握起来较为困难。

硬件描述语言诞生就是为了让数字芯片设计从早先的器件层面，转到更高层次的逻辑层面（行为级）和数据处理层面，目的是提高设计效率。以图4.6（a）所示的加法电路为例，我们可以用硬件描述语言，先写出（定义）5个输入数据（a、b、c、d、e），3个输出数据（sum1、sum2、sum3）；然后，写出输出和输入的逻辑关系。用这些语句描述一个电路和用图4.5那样的图描绘一个电路，其实没有实质性差别，它们都清楚无误地定义了输入和输出，描述了一个电路的内在结构。但这些语言文本如何转换为我们需要的逻辑门级电路？这个任务就移交给了下面的逻辑综合工具。

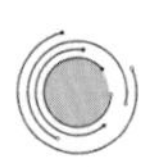

逻辑综合

逻辑综合（Logic Synthesis）是EDA发展史上的一个伟大的里程碑。逻辑综合将描述数字电路行为（功能）的RTL文本，自动转化为描述电路的逻辑结构（也就是门级的逻辑网表），如图4.6（c）所示。在转换过程中，我们可以对即将自动生成的逻辑电路提出一些约束性要求，使其在芯片的性能、面积和功耗之间进行最佳平衡。逻辑综合工具会根据我们的要求，逐步对逻辑电路进行优化，最终得到符合我们设计目标的逻辑层面的数字电路。

我们使用软件工具进行逻辑综合，要经历三个阶段的优化：结构级的优化、逻辑级的优化和门级的优化。所谓优化，是指在确定电路逻辑功能后，通过调整设计参数尽可能地提升芯片的工作速度，也就是芯片的性能。经过这些不同设计层次的优化，电路将一步步地达到我们预期的性能目标。

结构级优化。其中包括共享逻辑功能相同的子表达式、缩短数据通路的延时路径、共享算术和逻辑运算的资源等。以图4.6为例，图4.6（a）的表达式具有一个相同的子表达式（$a+b$），通过共用这一子表达式，原等式就变为图4.6（b）的表达式。这样，通过共享相同的子表达式，可以减少最后生成的逻辑电路中的逻辑单元个数，减小了相应的芯片面积。

逻辑级优化。其主要目的是缩短一个数据从输入到输出所经过的逻辑路径（与串接的单元数目相关，数目越多，逻辑路径越长，信号传输需要的时间越长），从而提高电路速度。

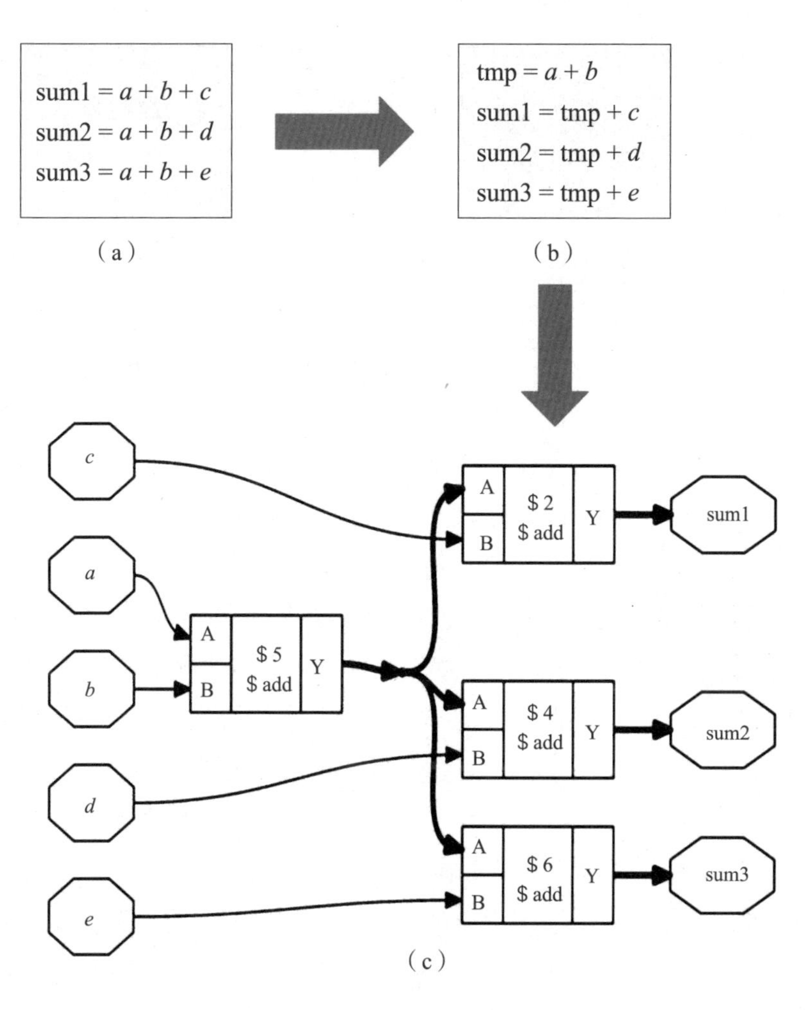

图 4.6　共享共同的子表达式逻辑综合简单示例

（a）使用硬件语言描述的加法电路；（b）结构级优化后的表达式；（c）最终的门级逻辑电路。

门级优化。主要目的是从标准单元库中选择比较合适的基本逻辑门：如"与"门、"非"门等，来构建门级逻辑电路，以提高电路速度，减小芯片面积。

目前，主流的逻辑综合工具是 Design Compiler（DC）。它是美国新思科技公司（Synopsys）开发的产品。自 1987 年推出以来，DC 在全球范围内得到了众多芯片设计企业的应用。在 DC 出现以前，集成电路设计停留在更低的逻辑门级和晶体管级的设计层面。DC 的出现极大地提高了数字集成电路的设计自动化程度，设计效率非常高。此外，美国楷登电子公司（Cadence）也推出了自己的逻辑综合器产品 Encounter RTL compiler。

总而言之，逻辑综合就是用特定的计算机语言描述数字集成电路的功

能，所编写的一段“程序”由计算机自动转换为逻辑门级电路。有了逻辑综合这个利器，我们只要在键盘上敲几个字符，在计算机上面运行软件，就能多快好省地自动生成数字电路。

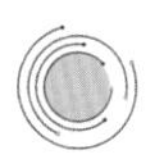

自动布局布线

得到逻辑门级电路以后，我们采用自动布局布线（Placement & Routing）的方法来设计芯片版图。前文讲到，版图设计就是对应电路图，画出所有晶体管、电阻、电容，以及连接这些元器件的金属布线，得到整个芯片的二维几何图形。而自动布局布线就是软件自动将逻辑网表转换为版图。其中，布局就是按一定要求规划每个元器件的放置位置；而布线则是在布局后，自动地画出元器件之间的连接线。用户对布局和布线的需求一般以所谓的代价函数来表示。它通常包括连线长度、切割线数目和电路工作速度等。

同样的逻辑门，放在芯片中的不同位置，得到的芯片性能会有很大的差异。举一个简单例子（图 4.7），假设电路中有 4 个元器件 A、B、C 和 D。在布局之前，我们只知道 A 与 C、B 与 C、B 与 D 之间需要连接。图中给出了 4 个位置摆放这些元器件。如果要避免连线拥挤（提高连线的布通率）的话，必须要合理地摆放元器件。图中给出了不同摆放方式，我们可以发现“布局 4”相比其他布局更为合理，也就是更有利于布线。因此，好的自动布局工具，应能根据连线要求，得到最优布局方案。

自动布局算法有很多种，启发式布局算法是比较有代表性的一类算法。启发式布局方法常见的是最小割线（Min-cut）算法和特征值算法。下面我们简要介绍最小割线算法，让大家对布局的自动化有一个直观的了解。

最小割线算法的目的是通过单元在芯片里的合理布局，使得各个单元之间的连线较短。图 4.7 给出了最小割线算法的简单示例。开始时，我们先随机地生成单元的初步布局，其连接关系如“布局 1”所示。然后，算法在初步布局的基础上进行改进。改进的方法是多次设置水平分割线或者竖直分割线，测量“布局 1”中单元连接线与割线的交点数目，再尝试通过移动单元使交点数减少。具体而言，从“布局 1”出发，首先用水平分割线将单元分割为上下两部分，计算其连接线与分割线相交次数为 4。为了减少交点数，

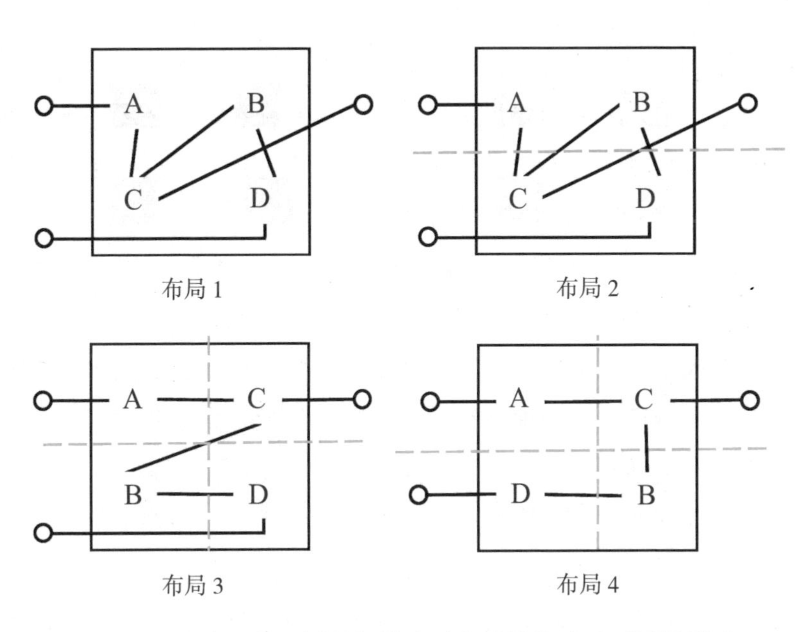

图 4.7　电路元件不同的摆放会对电路性能造成不同的影响

将单元 B 和 C 位置互换，形成“布局 3”，水平分割线的相交次数减为 1。再用竖直分割线进一步分割单元，计算其连接线和竖直分割线的相交次数为 4。如果将单元 B 和 D 互换，形成“布局 4”，此时相交次数减为 2。这样，几经变换，得到了连接线长度较小，布线比较简洁，且不拥挤的布局方案。这种思路可以推广至单元数很多的情形，即设置多次不同位置的水平分割线和竖直分割线，反复计算电路连接线和分割线相交次数（称之为连接度），由此寻找到合理的单元布局。切割、计算以及单元的移动都由计算机算法自动完成。

当然在实际的芯片布局中，问题还会更复杂，比如元器件放置的位置不一定在同一个平面。元器件放在不同位置所展现的性能会不一样，同时受到周围干扰的情况也不一样。这些都是布局需要考虑的因素。感兴趣的读者可以阅读相关资料，深入了解更复杂的布局算法。

单元布局完成之后，单元及其引脚的确切位置就确定了，此时需要完成单元的互连，称之为布线。为布线预留的区域称为布线区。布线要求在布线区内完成，且遵循布线的图形规则。例如：每一层金属的线宽不能小于规定的最小线宽，也要遵守最小间距。在满足约束的前提下，布线的总长度应趋于最短。

在前面的布局例子中，布线似乎比较简单，但实际的芯片布线要复杂得

多。其主要原因，首先在于芯片中数以亿计的单元使布线复杂度急剧增加，连线的数量要比单元的数量多得多；同时，单元在相连时还要考虑各种限制因素，算法的复杂度可想而知。其次电路单元不一定处于同一个平面，电路单元的连线要跨越上下很多层版图。

集成电路中，单元之间的布线就类似建立一个跨区域的高效的交通网络。在大城市，根据路途的远近，我们可以选择不同的出行方式和交通路径。去家周边的商铺，可以步行或骑车；去附近的学校或医院，乘坐巴士或出租车；如果要跨区上班，乘坐地铁和驾车都是不错的选择。各类通行方式构成一个立体的多层交通网络；如果要在城市间，甚至国家间通行，那乘坐飞机最为快捷。底层交通的网络密集、成本低；航空适合远距离，但成本高；高架和地铁在两者之间。因此，集成电路中单元的互联也采用多层金属布线，底层布线密集，距离短；高层布线较为稀疏，距离长。多层布线问题要是让人来规划，费时费力，效率极低，还极容易出错。而用自动化的布线工具进行布线，可以大大加速布线过程，同时可以避免错误，获得最优布线方案。

目前使用最广泛的布局布线工具是 Synopsys 公司开发的 Astro 和 Physical Compiler 软件以及 Cadence 公司开发的 Silicon Encounter 软件。布局布线完成之后，针对多层金属互连线图形，还需要验证它们是否符合集成电路制造厂商设定的图形规则。为此，我们用专业的图形规则检查工具，称之为设计规则检查 / 版图与电路一致性检查（Design Rule Check/Layout Versus Schematic，DRC/LVS），查验自动布局布线得到的芯片版图是否违反设计规则，版图等效的电路与门级网表是否有一致的逻辑功能。

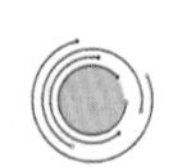

版图后仿真

布局布线完成后得到芯片版图，通过 DRC 和 LVS 检查，验证了几何规则与工艺要求的一致性以及物理版图与电路逻辑的一致性。但由版图数据制造出来的电路性能与电路图仿真的性能是否一致，需要进行所谓的版图后仿真（Post-Layout Simulation）加以验证。实际上，在设计电路之初，很多物理参数是未知的。比如：元器件之间的连线，在电路图中是理想的一根导线，没有电阻，也没有电容附带在连线上。但版图设计好以后，任何一段互连线都是立体的三维结构，自带电阻和电容。这些电阻、电容被称为互连线的寄生电阻和寄生电容。它们对电路带来很多的影响，包括降低电路工作速度、对信号造成干扰、增加电路的功耗等。将版图的寄生参数提取出来再融合到电路图中，进行版图后仿真。这样得到的仿真结果更接近于芯片实际制造出来的情况。那么，版图后仿真怎么做?

在版图后仿真之前，首先要用专门的软件提取版图中所有互连线的寄生电容和寄生电阻，并将它们标注回原来的电路中，也就是逻辑网表的节点上。前文介绍布线方法时，曾提到互连线的数量往往是大于晶体管数量的。可以推测，互连节点上附加了寄生电阻和寄生电容后，等效电路的规模和复杂度大大增加，导致版图后仿真的时间成倍增加。因此，版图后仿真对 EDA 软件的仿真效率提出了更高的要求。当然，版图后仿真依然是电路仿真，其仿真工具还是采用 SPICE 或 SPICE 加速软件。

目前的商用 SPICE 软件包括 Synopsys 公司的 HSPICE、Cadence 公司的 Spectra、明导国际公司（Mentor Graphics）的 Eldo 三大产品。为了提高仿真速度，EDA 软件公司采用大 量的仿真加速技术开发快速 SPICE 工具，其中包括 Synopsys 公司的 NanoSim、Cadence 公司的 UltraSim 等。SPICE 软件用于高精度小规模的模拟电路仿真，SPICE 加速软件用于大规模的数字芯片和存储器芯片仿真。

狭窄的商用赛道——EDA 软件公司间的恩怨情仇

大家对数不胜数的数字集成电路设计工具应该印象深刻吧？但是大家发现了吗？这些五花八门的 EDA 工具几乎都出自三家公司：Synopsys、Cadence 和 Mentor Graphics。这种垄断现象是怎么产生的呢？让我们从 EDA 工具的发展史来一窥究竟。

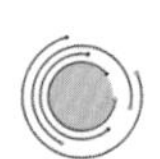

集成电路全流程设计工具一览

前文展示了集成电路设计流程中最关键的几个环节。事实上，实际的集成电路设计流程远比书中展示的要复杂。我们在这里列出数字集成电路设计

流程（图 4.8）和模拟集成电路设计流程（图 4.9）。其中，每个环节标示了软件英文名称、软件企业的英文名字（括号内）、设计步骤名称。总体上，集成电路设计分为前端设计和后端设计两个部分。前端设计指的是电路从无到有的设计过程，从描述一个电路功能开始，到产生一个门级的逻辑网表；而后端设计则侧重于芯片的物理实现，从前端设计得到的门级网表开始，通过布局和布线等步骤，得到真正可以制造的物理版图数据。

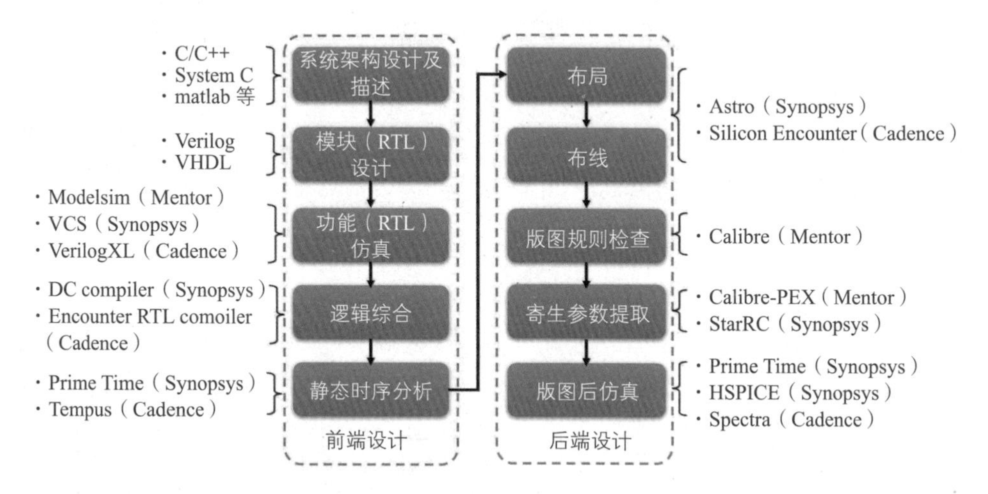

图 4.8　数字集成电路设计流程及相关步骤所用商业软件（EDA 公司）

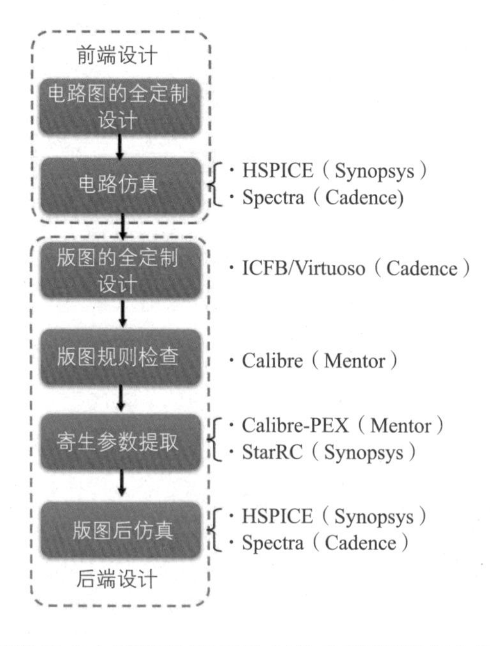

图 4.9　模拟集成电路设计流程及相关步骤所用商业软件（EDA 公司）

对于没有介绍到的一些设计流程，比如静态时序分析等，有兴趣的读者或许可以在网络上搜索相关资料，进一步了解。关于工具使用和EDA算法的相关知识可以在大学的专业课程中学到。

在经历了漫长的设计流程后，如果最后的版图后仿真结果与你的预期相符，那么恭喜你，版图数据可以送到掩膜板制造商那里，制作成光学掩膜板。下一步就是让集成电路生产线进行芯片的制造了。

这样，在全流程的EDA软件助力下，工程师的芯片梦想一步步地从天方夜谭变为了真实的存在。

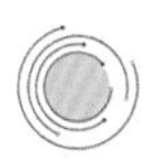

EDA工具的演进史

商业EDA工具的诞生经历了三个阶段。

第一阶段开始于20世纪60年代，技术人员主要专注于集成电路布局布线等后端交互式图形设计系统的研发，软件开发的主要公司包括Applicon、Calma和Computervision。其中Calma开发的描述集成电路布局的设计数据格式GDS II成为芯片版图的行业标准。

第二阶段开始于20世纪80年代初。其间，硬件描述语言VHDL和Verilog的出现推动了逻辑综合和验证等关键技术的研发，EDA开始商业化进程。Mentor Graphics、Daisy、Valid三家公司占据了市场的最大份额。1988年，两家小公司SDA与ECAD合并，并更名为Cadence。

1990年开始，EDA产业进入第三阶段，一众EDA公司开始了激烈的竞争和兼并，至今留下三家，其中Synopsys成为全球第一大EDA公司，另外两家分别是Cadence和Mentor Graphics。

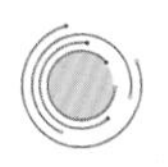

巨头垄断的现状

以2018年的数据为例，三家EDA公司瓜分约70%的EDA市场份额，形成了高度垄断的局面。它们提供全套的芯片设计解决方案，包括模拟、数字前端（图形编辑、逻辑综合）、后端（Layout）、可测性设计（DFT）等一整套设计工具。Cadence的强项在于模拟和数模混合信号仿真和物理版图设计，

Synopsys 的优势在于逻辑综合、数字前端、布局布线，而 Mentor Graphics 的物理验证工具和可测性设计软件具备竞争优势。有趣的是，尽管三者竞争激烈，但很多工程师在它们之间频繁跳槽。

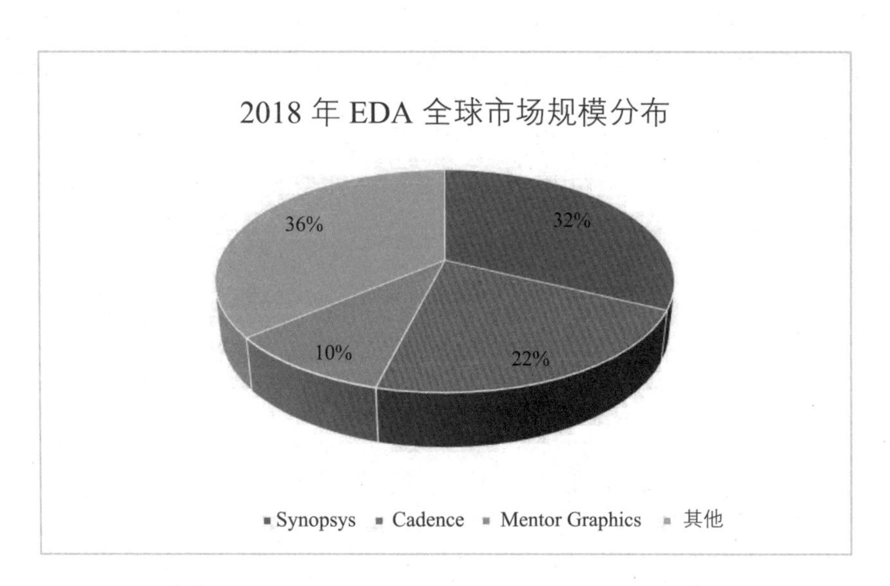

图 4.10 “巨头”垄断 EDA 行业的现状

有分析认为，造成 EDA 行业高度集聚的原因，主要源于 EDA 本身所具有的知识密集、技术门槛高的行业特点，还有技术背后的市场驱动力因素。EDA 软件公司通过和 IP 开发企业、集成电路制造企业的联合，形成了互相嵌合、紧密合作的产业生态圈。

第五章　随“芯”所“寓”的数据仓库

——有容乃大的存储器

数据的仓库——存储器

大数据时代来临

当今人类社会已经进入了信息化时代。按照美国知名社会学家阿尔文·托夫勒（Alvin Toffler）的观点，信息化时代大约从20世纪50年代中期开始。信息化时代的代表性象征为“计算机”，是以信息创造价值的时代：通过信息技术的开发，来带动知识的创造和知识的创造性使用；通过知识和信息的传播和共享，来发展知识经济。进入21世纪以来，随着个人电脑、手机、平板等各种计算终端进入平常百姓家，以及无处不在的互联网络，人们进入了大数据时代。

信息时代每时每刻都在产生数据。那表示数据的单位是什么呢？首先是比特（bit，简写b），它是最小的数据单位。然后，从小到大，常用的数据单位还有字节（Byte，简写B，1 Byte = 8 bit）、千字节（简写kB，1 kB = 1 000 B）、兆字节（简写MB，1 MB = 1 000 kB）、吉字节（简写GB，1 GB = 1 000 MB）等。

根据国际数据公司（IDC）统计与预测，全球近90%的数据是在2016年至2020年这5年间产生的。预计到2025年，全球数据量将是2016年

的 16.1 ZB 的 10 倍，达到惊人的 163 ZB（1 ZB = 1 000 EB = 1 000 000 PB = 1 000 000 000 TB = 1 000 000 000 000 GB）。

便携电子产品，如手机、笔记本电脑，每天都会产生大量数据，包括聊天记录、照片、短视频、导航定位信息等；大大小小的企业每天也产生大量数据，如销售记录、员工记录、客户信息等，其中有些企业创立的目的就是处理各式各样的数据；监测森林、海洋、卫星、气象状况也会产生一系列数据。数据似乎看不见、摸不着，但对于经济发展和社会进步至关重要。可以说，在我们生活的信息时代，数据就像人类生存需要空气一样，是须臾不可离开的。如何保存和利用好这些海量数据，将会对我们的经济和生活带来重要影响。

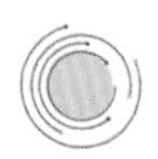

数据的藏身之处

随着人类生活对数据的依赖越来越大，如何妥善保管好数据就成为了我们最关心的问题。在电子信息时代，数据的藏身之处就是存储器。根据应用场景的不同需求，存储器的种类非常多，目前存储器产品已遍布在人们的日常生活中（图 5.1）。

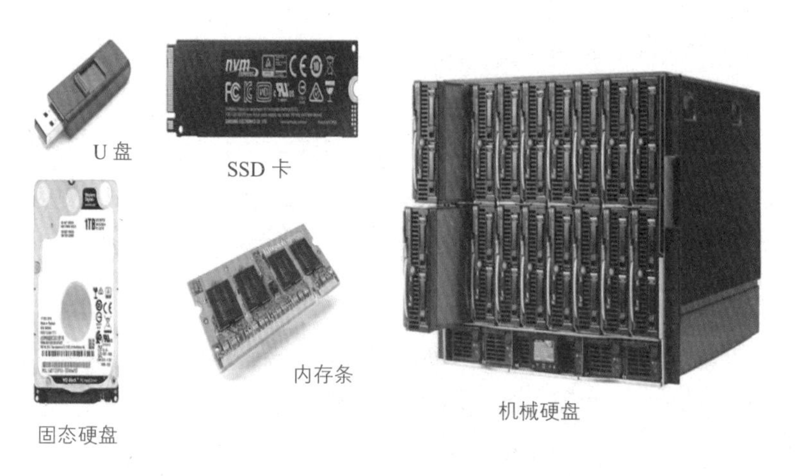

图 5.1　我们日常所用到的存储器

我们常见的存储器有缓存（1 MB 级别）、内存条（10 GB 级别）、U 盘（10 GB 级别）、固态硬盘（100 GB 级别），以及机械硬盘（1000 GB 级别）等。缓存是计算机存储少量重要信息的地方；内存条主要是存储计算机程序以及计算机程序所产生的数据，在中央处理器（Central Processing Unit，CPU）和硬盘之间提供数据中转的功能；U 盘是个人存储资料的好帮手；固态硬盘和机械硬盘则是计算机使用的大容量存储器。固态硬盘（Solid State Disk，SSD）是用存储芯片阵列制成的固态电子硬盘，其存储容量从 128 GB、256 GB，到 512 GB 不等。由于读写速度快，固态硬盘逐步取代机械硬盘，成为电脑周边主要的存储设备。机械硬盘（Hard Disk Drive，HDD）是一种由驱动电机、高速旋转磁盘或磁盘，以及悬浮磁头等组成的存储设备。它以磁信号方式存储信息，目前起步存储容量为 512 GB 左右，最高存储量可达 10 TB（1 TB = 1000 GB）级别。由于机械硬盘存储量大、价格低廉、可长期保存，在很长的一段时间内，是企业级数据中心或者个人电脑中的主要存储设备。

存储器首先是要安全地存储数据。所以对于存储器，自然是越可靠越好。同时，我们也希望写入和读取数据速度越快越好、存储的容量越大越好、价格越低越好。但鱼和熊掌不可兼得，前面提到的这些存储器设备，在这四个方面或多或少都有所妥协。例如，缓存的速度快（100 GB/s），但成本高，容量小；内存条的速度仅次于缓存（10 GB/s），但由于易失性存储机制的限制，一旦断电，内存条内的数据就会丢失；U 盘的速度不快（10 MB/s），容量不大（10 GB），但胜在携带方便和价格便宜；固态硬盘容量大（100 GB）、速度快（1 GB/s），且不怕碰撞。随着技术的进步，其价格也不断下降（1 GB 不到 1 元），成为个人电脑的主流存储设备；机械硬盘虽然速度（100 MB/s）不如固态硬盘，但容量大（1 TB），且价格便宜（10 GB 才 1 元），数据能保存近十年而不损坏，所以至今仍被广泛采用。

“仓库”格子是怎么工作的——存储单元

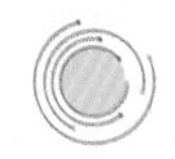

最基本的存储思想

从前面第一章的介绍，我们已经了解到，在计算信息系统中，数据是以“1”“0”信号的形式参与运算的。因此，数据也以“1”“0”信号的形式被存

储起来。那数据是怎样存储在电路中的呢？举个例子，大家都见过存放快递的自提柜（图 5.2）。一排排储物柜整齐有序地排列在一起，每个储物柜上下左右分割成一个个的储物箱，快递物品就放在储物箱里面。快递员存放物品的时候，会随机或者特意选择其中一个储物箱，把物品放进去后扫二维码，系统就会根据二维码得到一个编码，它对应物品所在储物箱的位置。随后系统将编码信息准确无误地发送到物品主人的手机上。在取快递的时候，只要根据编码信息，你就可以找到对应的储物柜：输入编码，储物箱打开，取出存放在里面的物品。这个例子，恰好可以对应说明存储器的基本工作过程：将物品放到储物箱中（将数据写入特定的存储单元），给储物箱一个编码信息表示其位置（确定存放数据的存储单元的地址），输入编码打开储物箱取东西（根据地址访问存储单元，读出数据）。

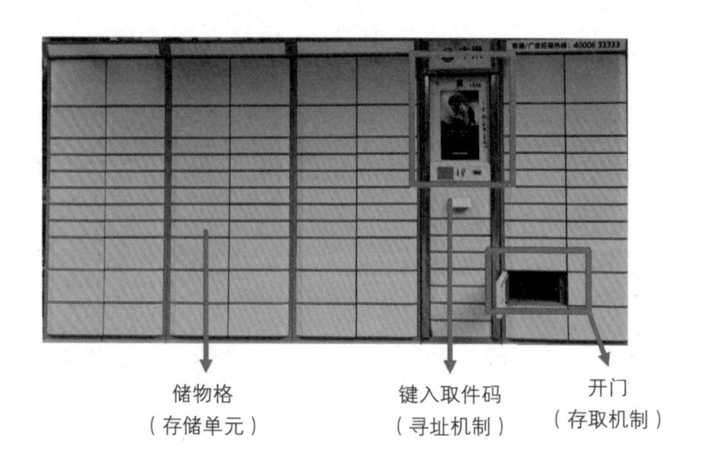

图 5.2 “快递柜”中蕴含的数据存储思想

到这里，我们梳理一下电路实现数据存储的过程。首先，要找到能稳妥保存，也可以用某种方式改变“0”“1”数据的存储单元，再将这些存储单元排布成一个的四四方方的二维阵列。然后，要建立一套能唯一标注每个存储单元位置的地址编码系统。最后，按照地址编码系统的指引，建立一套快速读取和写入“0”“1”数据的电路方法。这就是用芯片实现数据存储的基本原理和过程。

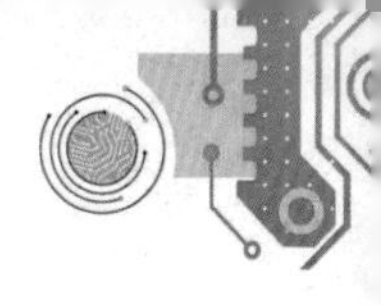

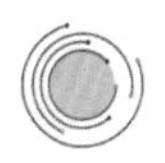

寻找好的储物格——存储单元机理

为了更好地保存“0”“1”数据，我们需要寻找可靠的储物格，即存储单元。如同在数字电路中建立“0”“1”信号一样，如果能找到一种存储介质材料或电路结构，它可以产生稳定的、容易分辨的两个物理状态来代表“0”和“1”数据，同时我们能找到控制两个状态之间翻转的电路方法，这样就具备了“0”“1”数据的存储和改写功能。由此就可以构建存储单元了。

现实世界中存在的很多介质材料可以用来构建存储单元。如何挑选合适的材料？其主要的依据是，首先这些材料适合大规模集成，以便实现大容量的存储，降低成本。其次，希望采用的材料与数字芯片的制作工艺相兼容；再者，这些材料具备用较低的电压就可以改变“0”“1”状态的特性，这样，存储单元与读写数据的电路可以采用相同的供电电压，方便应用。

在集成电路中包含一些常用的元器件，如晶体管、二极管、三极管等有源器件，以及电容、电阻、电感等无源器件。如果利用这些片上元器件来构建存储单元，那就可以将存储器与数字电路集成在同一个芯片上。处理器和存储器之间可以频繁地交换数据，有利于提高速度，降低能耗。

人们曾经使用电感来构建存储单元。20 世纪 50—60 年代早期开发的计算机中，就用过带铁氧体磁环的电感制作的存储器。它采用的是美籍华人企业家王安的一个专利（美国专利 2,708,722）。但是这种存储器体积巨大，如图 5.3（a）所示。要存储一本书的信息，可能要占据一个足球场那样的空间。所以，这种带铁氧体磁环的电感存储器在计算机的发展中被淘汰了。

人们又考虑使用电容，因为电容可以存放电荷。根据电容上有或没有电荷的两种状态，就可以表示数据“1”或“0”。它的电路原理是制作一个大电容来存储电荷，再使用一个晶体管作为开关来“看护”存在电容里的电荷，如图 5.3（b）所示。这种存储方式被广泛地应用于动态随机寻访存储器（Dynamic Random Access Memory，DRAM），也就是大家熟知的内存条。而在大家熟悉的“缓存”（Cache）中采用的是静态随机寻访存储器（Static Random Access Memory，SRAM），它用首尾相连的两个反相器构成存储单元，保存“0”“1”数据。实际上，它在读写数据时也借助了晶体管的寄生电容

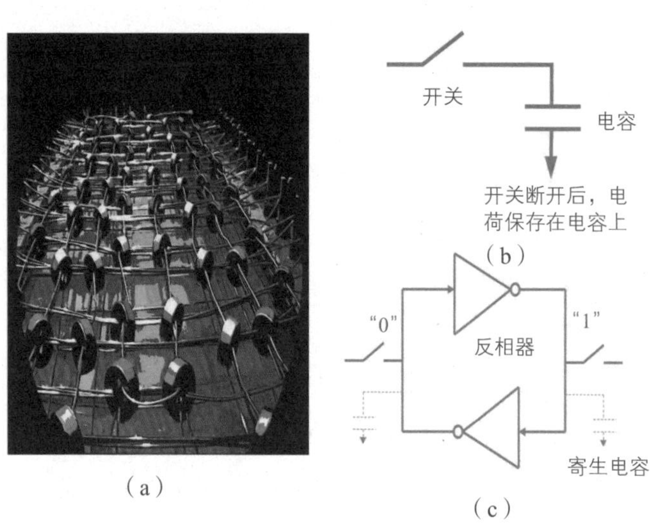

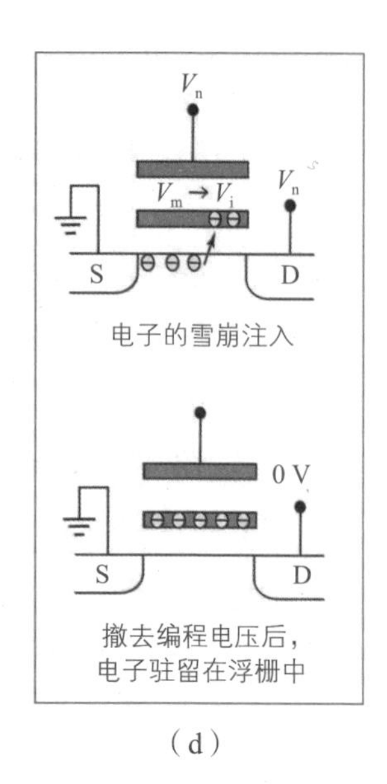

（d）

图 5.3　形形色色的存储单元

（a）铁氧磁环存储器；（b）DRAM 单元；（c）SRAM 单元；（d）浮栅单元。

［图 5.3（c）］。通常，缓存和 CPU 集成于同一个芯片中，读写速度非常快。

SRAM 和 DRAM 都具有读写速度快、供电电压低、易于和处理器一起大规模集成等优点，至今仍然是难以替代的存储芯片技术。它们的一个共同特点都是用常规 MOS 晶体管搭建电路来实现数据存储，需要电源供电才能维持"0""1"数据。一旦断电，存储信息就丢失了。这种特性的存储器被称为易失性存储器。为此，人们希望寻找到断电也不会丢失信息的存储器，即非易失性存储器。

如何将存入的信息（电荷）更好地"封存"起来，哪怕电路断电？一个普遍使用的方法是采用"浮栅型晶体管"作为存储单元，如图 5.3（d）所示。与常规 MOS 晶体管不同的是，浮栅晶体管在栅极和沟道之间，夹了一层由绝缘体包裹的"浮栅"。我们利用一种"量子隧穿"的原理，在高电压下使电荷能穿越绝缘层（类似茅山道士的"穿墙术"），打入浮栅。这样即便断电，驻留在浮栅中的电荷也跑不掉。用浮栅上有电荷还是没有电荷，分别代表"0"或"1"的两种状态。这种非易失性存储器在断电情况下可以长久保存数据。大家熟悉的 U 盘、固态硬盘等，都采用了基于浮栅晶体管的存储单元。

关于易失性存储器和非易失性存储器，还有一个很生动的比喻：易失性存储器的写操作，就如同在沙滩上写字，可以很快速、很不费力地写，但是也很容易消失。SRAM 和 DRAM 就是这种类型，写数据的速度快，但是断电的话，信息就会丢失，当然多次重复写入数据也很容易；非易失性存储器的写操作，就如同在石头上刻字，需要很用力（用高压）、消耗更长时间，一旦写上数据就不容易丢失。而想要改写，就像要用力铲除刻字会磨损石头那样，其改写（也就是擦除浮栅中的电荷）次数是有限的。例如 U 盘就是这种类型，它的可擦写次数是有限的。未来能否找到一种读写速度快、可擦写次数无限多、容量大、工艺简单、可以与运算电路集成的“统一式存储器”（unified memory），这有待于技术的进一步发展。

怎么从“仓库”里找到数据——存储阵列组织和寻址

“仓库”是如何排列存放数据的——存储器阵列

随着计算规模的不断增大，人们需要大容量的存储器。如何合理排布大量密集的存储单元，需要专门的考虑。若随意放置存储单元，杂乱无章的分布会导致芯片的空间利用率不高，也增加找到存储单元的难度。这就好比你在书房里看书，每次看完随便一扔。时间一长，随着散乱堆放的书越来越多，这时要从一堆书里面找到你想要的那本书，只能毫无目标地乱搜一气，耗费很多时间不说，还不一定找得到。反过来，如果借鉴一下图书馆置放书籍的方法，用一个上下排列的大书架，按目录归类放置各类书籍，就可以按图索骥，根据书名或书号，很快找到你想要的那本书。当一排书架放不下时，可以用多个书架来存放更多的书籍。每个书架有很多层，每层有若干位置，每个位置相当于一个存储器单元。按分类和书号寻找某本书，就相当于按地址访问某个存储单元。

因此，构造存储器阵列的道理，就跟在书架上放书的做法是类似的。

较大规模的存储器往往由若干存储容量较小的存储器模块组成（犹如一排排的书架）。每个小存储模块由二维平面的存储单元阵列组成（相当于一排书架上下左右放置了一个面的书，每本书及所在位置就是一个存储单元存放的数据及其地址）。以一个 1 Mb（100 万个比特位）的存储器为例。它可以是一个水平 1024 行、垂直 1024 列排布的存储单元二维阵列，如图 5.4（a）所示。但每行要串联 1024 个存储单元，每列要串接 1024 个存储单元，信号走线就会比较长。走线是用金属材料做的，如铝或铜。尽管金属导电性很好，但如果走线很长的话，累积的寄生电容和电阻的数值依然会很可观。而这些寄生电阻和电容会导致信号幅度的衰减和速度的降低，影响的程度大约与寄生电阻和电容的乘积成比例。

要减小走线的寄生电阻和电容对存储器速度、功耗的影响，我们采用的方法是将 1024 × 1024 的大阵列划分成 4 个 512 × 512 的小阵列，如图 5.4（b）所示。每个小阵列中，信号走线缩短了 3/4，走线上信号传播的速度增加了，也就加快了存储器数据的读写速度。由于读写数据时，寻访的存储单元只存在其中之一的小阵列中，其他 3 个小阵列此时不工作，可以暂时关闭它们的供电电源，节省能源消耗。通过 4 个小阵列这样的轮换工作，整个存储器的容量还是 1024 × 1024。

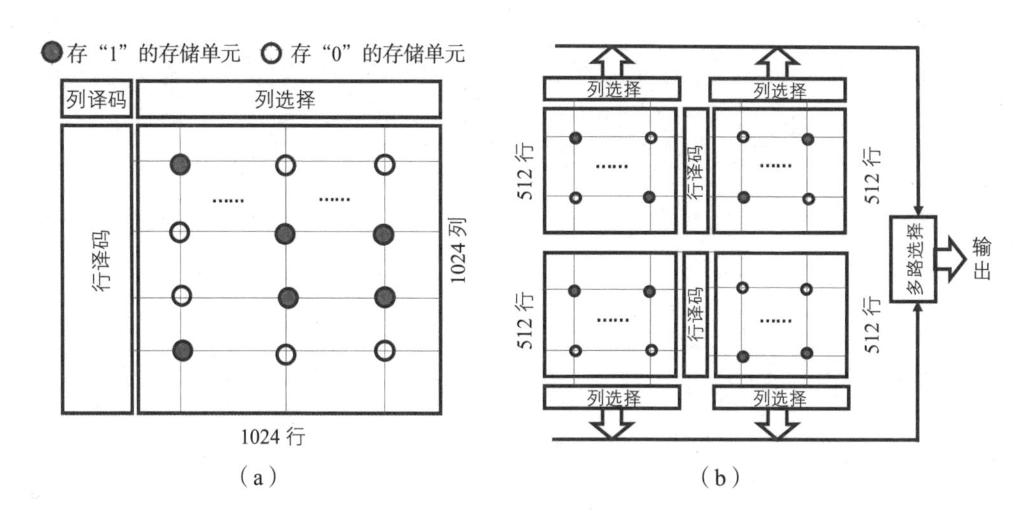

图 5.4　存储器的阵列组织形式示例

（a）单个 1024 × 1024 阵列；（b）由 4 个 512 × 512 阵列构成的层次化存储器。

这里，我们归纳一下上面讲的加大存储器容量的思想——层次化存储器架构：首先用一个四四方方的二维面阵来排布足够多的存储单元，形成“块”（Block）存储器。这种面阵的排布方式可以最大程度地利用芯片空间，防止

芯片面积空置（要知道，芯片的制造成本可是与芯片面积成正比的）。然后用多个“块”存储器来构建容量更大的存储器。这种层次化阵列的组织方式，在增加存储器容量的同时，芯片的工作速度和能量消耗几乎不变，相当于“块”存储单元阵列的速度和功耗几乎不变。或者，在保持存储器容量不变的情况下，用更小的“块”存储器来提高读写速度和降低功耗。

上面的示意图中，在每行每列的交叉位置上，放置一个存储单元，其中存放着“0”“1”数据。这称为一个比特位，也是最小的信息存储单位。而 8 个比特位，就构成了一个字节（B）。对于较大容量的存储器，采用 B 为单位表示存储容量。我们采购 U 盘或者固态硬盘时，关注的存储容量，以 MB 或 GB 为单位。将一个字节写入存储器，或者从存储器里读出已经保存的一个字节，需要从存储器阵列中，同时选中某一行中的 8 列，这就是对这个字节的存储器寻址访问。换一种说法，就是按照行和列规定的地址，来读出对应的存储单元中的数据，或写入数据到对应的存储单元中。

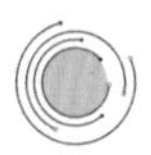

给“仓库”中的每个物品柜编个号——存储器地址

存储地址（Memory address）是给存储单元一个独一无二的编号，供寻访（或者说就是选中）存储单元时使用。我们知道，存储单元的数量巨大。为了高效地访问每个存储单元，需要对二进制的存储单元地址进行编码，用较少的二进制位数来表达地址。

存储单元按二维阵列排布的方式使得我们可以由行和列的交叉点来决定存储单元的位置。就像在电影院里选座位一样，比如说第 5 排的第 3 座、第 4 排的第 6 座。这种编码的存储单元的行和列地址必须具有规范性和唯一性，从而确保快速和准确地找到存取数据的唯一一个存储单元。不妨设想一个 64 行 64 列的阵列，行与列两条线的交叉点处放了一个存储单元，它存储的信息是“0”或者“1”。现在对所有 4096 个的交叉点（64 行 ×64 列）赋予一个唯一的地址，地址也用一连串的“0”“1”的二进制数来表示。

地址的编码涉及排列组合的知识。1 位的二进制数地址可以区分两个单元，“0”代表一个单元，“1”代表另一个单元；2 位的二进制数地址可以区分出 4 个单元（00、11、10、01）。依此类推，6 位的二进制数地址可以区分出

$2^6 = 64$ 个单元。

那么，以上文讲到的 64×64 存储器阵列为例，我们不妨用 6 位二进制数作为某个存储单元的行地址，另外一个 6 位二进制数作为存储单元的列地址。再规定，将存储单元行编码的 6 位二进制地址放在前面，将列编码的 6 位二进制数放在后面，就构成一个完整的 12 位的二进制数，以唯一地代表存储阵列里每一个存储单元的位置，这叫作存储单元的数据地址。

例如，地址 000000000000 代表的是第 1 行第 1 列的存储单元，000001000001 代表的是第 2 行第 2 列的存储单元。依此类推，所有的单元都用这么高度规范化的二进制编码来命名存储单元的数据地址。

将存储单元的地址（一共有 64×64 个），通过编码方式，变为存储器的 12 位数据地址。在寻访存储单元时，需要将 12 位的数据地址，反过来分解成前 6 位为行地址，后 6 位为列地址。同时，通过电路将 6 位行地址翻译成 64 根走线上的“0”或“1”信号，决定是否选中相应的存储单元。这个电路称为行地址译码器。同样，6 位列地址也需要相应的列译码器。后文会详细介绍。

我们已知 4 个小的 512×512 阵列可以搭成一个大的 1024×1024 阵列，形成层次化的存储器的结构，如图 5.5（a）所示。那么，1024×1024 阵列的存储器数据地址的表示方式是怎么样的呢？是否也如行列交叉点这么简单呢？

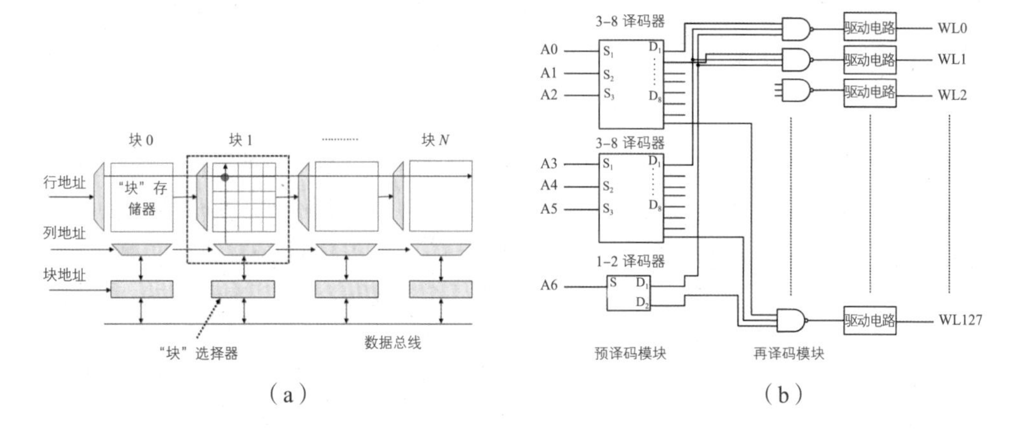

（a） （b）

图 5.5 层次化存储地址和地址译码电路示例

（a）层次化存储地址；（b）地址译码电路。

由于存储器分成了 4 个“块”存储器，选择其中 1 个“块”存储器，需要增加 1 层地址编码（块选择器）；进入某个“块”存储器之后，再根据行地址及其译码电路、列地址及其译码电路，来选定某一行某一列，进而对该行列交叉位置上的存储单元进行访问。

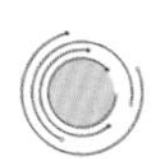

用最少的地址位来访问每个数据——行列译码

二进制数据以阵列的形式保存在存储器里，每个二进制数据都有自己的存放位置即地址。那么，当我们需要读出数据的时候，该怎么把它们取出来？这就涉及一个概念——地址译码。

如果没有阵列的概念，最容易想到的读数据方式应该是这样的，每位存储单元连接一条控制线，把每个单元的控制线都引到芯片外面不就行了吗？可事情没那么简单，一个 64 kB 的存储器中有 65536 个单元，把每根线都引出来，这颗芯片就得有 6 万余个引脚？不可否认，这是一种理想的也是最直观的读写数据方式。但这种方式使得一个大容量存储器里会有非常多的单元选通线，封装上很难实现。另外，数量庞大的单元选通线的走线会占用相当大的芯片面积。而且线和线之间存在大量的寄生电容和电感，会产生额外的信号干扰。因此，实际的存储器芯片设计不会采用这种直接引址的方式。

为了减少引线的数量，我们采用一种办法，称之为译码。有关译码的概念在上一节有过简单介绍，这里再归纳简单介绍一下：1 根引线能代表 0 和 1 的 2 种状态，2 根引线能代表 00、01、10、11 的 4 种状态，以此类推，3 根引线能代表 8 种状态，8 根引线能代表 256 种状态，而 65536 种状态我们只需要 16 根引线就能代表了。换言之，65536 个单元的地址可以用一个 16 位二进制数来表示。

在存储器电路中，地址译码有两种方式，一种是单译码方式，或称为字结构方式；另一种是双译码方式，或称为 X-Y 译码结构。

在存储器芯片中负责译码工作的模块叫作译码器。译码器负责将一组二进制地址信号变换为各个选通线控制信号。在单译码方式的存储器中只有一个行译码电路，它将所有的地址信号转换为行选通信号线。这种方式适合于容量较小的存储器芯片。在容量较大的存储器芯片中，一般采用的是双译码（行译码、列译码）的方式［图 5.5(a)］，这样可减少数据单元选通线的数量。

以单译码方式为例，一个存储器存放了 16 个 8 位的字，也就是有 128

个存储单元，排列成 16 行 ×8 列的矩阵。电路需要有 4 根行地址线，可寻访 $2^4 = 16$ 个行地址。若把每个字看成一个存储单位，则每个存储单位中的 8 个存储单元具有相同的行地址码。译码电路输出的这 16 根行选通信号线，又叫字线，刚好可以选择这 16 个存储单位。每选中一个地址，所对应的字线同时选中 8 个存储单元。选中的存储单元，就可按照要求实现读或写操作了。

以双译码方式为例，每个存储单元连接着一条行控制线和一条列控制线，它们同时有效时，才可以对存储单元进行读或写的操作。对于一个 10 位地址的存储器芯片，单译码方式是采用一个译码器对 10 位的地址信号译码，生成 1024 条选通线。而双译码方式是采用 2 个译码器，分别对行地址的 5 位地址信号、列地址的 5 位地址信号，分别译码生成 32 条行选通线和 32 条列选通线，一共是 64 条选通线。选通线数量大大少于单译码方式。

我们看一下行译码器内部结构。假如某个存储单元阵列有 128 行，需要 7 根行地址。最直接的方式是通过 7–128（$=2^7$）译码器，从 128 根信号线（也叫作字线，缩写为 WL）中选出一根信号线作为有效选中信号。这是 128 行中唯一选中的一行。实际电路中，如图 5.5（b）所示，7 根地址线分为 3 组，分别输入到 2 个 3 – 8（$=2^3$）预译码模块和 1 个 1 – 2（$=2^1$）预译码模块，然后将预译码模块的输出接入第二级的再译码电路，得到 128 根字线（WL0~WL127）。这种分层译码的方式可以加快电路的工作速度。读者如果有兴趣进一步了解 3–8 译码器的内部结构，可以重读第一章的相关内容。

列译码器的译码原理与行译码是一致的，但实际上二者的选通电路结构有所不同。有兴趣的读者可以参阅大学本科《数字集成电路》相关课程中有关存储器的部分章节内容。

从“仓库”快速访问数据——存储器接口及存储架构

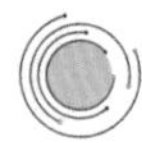

拓宽“仓库”进出大门——采用高速数据接口

存储容量越来越大，对存储器的读写速度提出了更高的要求。由于存储阵列中所有单元的数据都从一个输入输出端口（接口）接到数据总线［图

(5.5a)]，对接口的数据吞吐速率要求很高。好比纵有千军万马，若走独木桥的话，大部队的优势也发挥不出来。如何拓宽存储器通向外部世界的“大门”，即提高存储器输入输出接口的速度，成为制约大容量存储器应用的瓶颈。现代计算机中的大容量存储器主要是内存和硬盘，它们需要使用高速数据接口，以满足处理器芯片（CPU）快速读写数据的要求。下面简单介绍一下存储器高速接口的发展状况。

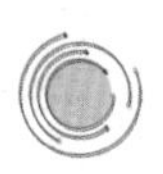

内存的高速接口技术

内存的高速接口技术主要是 DDR。其名称来自于双倍数据率同步动态随机存取存储器（Double Data Rate Synchronous Dynamic Random Access Memory，DDR SDRAM）。所以在介绍 DDR 之前，得先了解什么是同步动态随机存取存储器（SDRAM）。

SDRAM 可以看作一种特殊的 DRAM。一般的 DRAM 只有一个采用异步传输的方式的接口。异步传输技术简单，可靠稳定，但是数据传输速度相对较慢。SDRAM 除了异步接口，还多了一个同步接口。同步接口需要数据发送方和接收方用一个统一时钟控制，传输速率更高。所以本质上 SDRAM 是一种传输速率更高的 DRAM。

SDRAM 的同步接口需要由统一的时钟信号控制，每个时钟周期传 1 次数据。而 DDR SDRAM 则在每个时钟周期内能够传输 2 次数据，将数据传输提升了 1 倍。其原理是同时利用了时钟的上升沿和下降沿分别传 1 次数据。

而 DDR 技术本身也已经发展到了第四代甚至更高。技术演进主要体现在工作频率的提高、最大存储容量的增加、供电电压的降低。第一代 DDR 内存时钟频率为 100~200 MHz，电压 2.5 V。发展到 DDR4，时钟频率为 2133~4000 MHz，电压 1.2 V。常见的家用计算机内存条会标注 DDR4-2666，代表内存条工作频率是 3200 MHz，其接口的单根引脚（pin）的速度为 2666 Mb/s。可见内存条频率越高，其传输能力就越强。最新一代的 DDR5 内存技术即将投入商用，有望达到 4800 MHz 以上的工作频率和单根内存条 128 GB 的容量。DDR 还衍生出了 LPDDR 技术和 GDDR 技术。LPDDR 主要是用于手机、笔记本电脑等低功耗场景，GDDR 主要用于图形处理器 GPU，

作为 GPU 的存储介质。

随着更大数据容量和吞吐率的需求，未来也许会催生出更多更新的高速数据接口技术，对此我们拭目以待。

硬盘的接口和协议

为了保证存储设备与计算机的互联互通，存储器接口必须采用相应的协议来实现标准化的数据传送。目前主要有 SATA 接口配合 AHCI 协议，PCIE 接口配合 NVME 协议。

SATA 是采用一种串行总线接口的硬盘，SATA 协议是用于连接固态硬盘、机械硬盘和光盘驱动器的存储协议。现在已经发展到了 SATA3.0。SATA1.0 的速度可达 1.5 Gb/s；SATA2.0 达到 3 Gb/s；SATA3.0 达到 6 Gb/s。

NVME 协议的英文全称为 Non-Volatile Memory Express（非易失性内存主机控制器接口规范），是近年来新兴的存储协议，配合 PCI Express（PCIE）接口。

由于固态硬盘（SSD）本身的物理特性，内部存储器的读写速度已经非常快了。瓶颈在于计算机与存储设备连接的接口和协议。通过多个计算机与存储设备之间的并行通路，可以成倍提高数据搬运的速度。在 NVME 协议中，多个通路的实现方式是多个队列。而在 SATA 协议中，计算机与存储设备只有一个队列连通。即使在多个 CPU 情况下，所有请求也只能经过这一个狭窄的通道。而 NVMe 协议最多可以有 6.4 万个队列，每个 CPU 核都可以获得一个队列，数据并发程度大大提升。NVME 协议读带宽提高至 3200 MB/s，写带宽提高至 1200 MB/s。现在中高端的家用计算机都采用 NVME 协议的固态硬盘。

建立分级“仓储”体系——顶层设计，加快访问速度

前文提到各式各样的存储器各有优缺点。例如，缓存的速度快但容量小、价格贵；内存的速度较快、容量也稍大，但无法与 CPU 集成于同一芯片中；固态硬盘和机械硬盘容量大、价格便宜，适合长久存储，但数据访问速度慢很多。如何利用各种存储器做到扬长避短？聪明的工程师想到了建立分级存储的体系。

我们注意到，99% 的数据平时很少使用，而仅有 1% 的数据是计算机运行时频繁使用的。这种情况启发我们把经常使用、但数量较少的数据存放在容量小速度快的存储器中，将大量平时不常用的数据存放在容量大但速度慢的存储器中。同时运用多种类型的存储器，就可以实现速度、容量和成本的折中。就好比一名厨师，他将最常用到的原料存放在冰箱里，以便频繁取用，对不那么常用的生鲜食材，可以临时到附近的菜市场购买，而更稀少的高档原材料可以去更专业的批发市场或原料产地采购，这会花费更多，但高档餐饮可以承受。这种分级存储的策略很合理。

CPU 进行计算的过程中，需要从存储器中读取大量数据，或将中间数据暂存于存储器。随着计算机技术的发展，CPU 等处理器的性能飞跃式提升，但存储访问速度却跟不上处理器。这就带来了所谓的“存储墙”难题，成为制约计算机系统发展的关键因素。

分级存储体系是解决存储墙的一种思路。以三级存储方式为例，第一级是 CPU 中的缓存，第二级是内存，第三级是硬盘。而 CPU 的缓存也分为三级。以 Intel 第十代酷睿 i5 10500 为例，这款六核 CPU 的一级缓存为 32 kB/ 核，读取速度为 1500 GB/s，写入速度约为 800 GB/s；二级缓存为 256 kB/ 核，读取速度为 570 GB/s，写入速度为 380 GB/s；三级缓存为 12 MB，读取速度为 330 GB/s，写入速度为 200 GB/s。CPU 缓存使用 SRAM 作为存储单元，它是 CPU 和内存之间的临时存储器，目的是更快地连接 CPU 与内存。简单地说，因为 CPU 速度快，而内存速度较慢，如果 CPU 和内存直接进行数据交换，会有较长的等待时间，而加入 CPU 缓存这种速度比内存快的存储机制，可以大大减少 CPU 的等待时间。

内存常使用 DRAM 作为存储介质，最新的 DDR4 内存读取和写入速度为 30~50 GB/s。家用计算机一般配备 4~32 GB 容量的内存。固态硬盘和机械硬盘的速度分别只有 3 GB/s 和 500 MB/s，家用计算机一般配备 256 GB~2 TB 容量硬盘。内存又可以视为是硬盘和 CPU 之间交换数据的中转站。CPU 要读取硬盘的数据，先要将数据从硬盘读取到内存，再通过内存读取到缓存中。往硬盘写入数据也是同样的道理，先写入缓存，再写入内存，最后写入硬盘。

为了进一步克服存储墙问题，科学家和工程师们还在研究直接在存储器中进行计算的方式，即“存内计算”，以减少存储器和 CPU 之间的数据访问，目前还有较多技术难题有待克服。我们期待其被广泛应用的那一天。

第六章　加工、提炼大数据的利器
——算力强大的处理器与 SoC

芯片中的最强大脑——无所不能的处理器

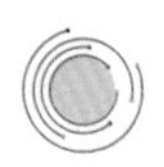

处理器发展历史

处理器可能是最广为人知的一类芯片了。在日常生活中，人们常把“处理器”“CPU”“处理器核”等词汇混合使用。严格地说，“处理器核”如其字面含义，是处理器电路的核心；而处理器不仅包含了中央处理器（Central Processing Unit，CPU），还包含了图像处理器（Graphics Processing Unit，GPU）、数字信号处理器（Digital Signal Processor，DSP）、神经网络处理器（Neural-network Processing Unit，NPU）、张量处理器（Tensor Processing Unit，TPU）等各种不同的处理单元（Processing Unit）。

其实任何处理数据或任务的单元都可以称为处理器。这样说来，人脑就是世界上最精密最复杂的处理器之一。然而，当我们谈及处理器时，一切都还要从 CPU 的发展历史开始说起。世界上第一台数字式计算机（ENIAC）于 1946 年诞生于美国宾夕法尼亚大学（UPenn）。彼时的计算机由电子管、电阻器等分立元器件组成，体积庞大，结构上也没有明确划分处理器、存储器等，其本质是通过电子管开关实现的算术逻辑运算。

直到1947年第一个晶体管问世，计算机才有了小型化的希望。1958年，美国TI公司的杰克·基尔比（Jack Kilby）和Fairchild公司的罗伯特·N.诺伊斯（Robert N. Noyce）几乎同时独立发明了集成电路，这标志着现代处理器的物理载体——芯片正式登上历史舞台。

处理器的发展历史离不开由诺伊斯和戈登·摩尔（摩尔定律的提出者）等人创立的Intel公司。1971年，Intel公司发布了划时代的4004处理器，这是世界上第一个集成式的微处理器。它由2300多个晶体管构成，拥有640 B的存储空间，每秒执行6万次计算。Intel 4004的发布标志着现代处理器的诞生，由此拉开了波澜壮阔的信息时代的大幕。

从8086处理器开始，Intel公司设计了16位的指令集架构，此后逐渐形成了X86指令集。此外，作为Intel公司采购商的IBM公司为了确保供货稳定，迫使Intel公司将其微处理器的架构授权给另一家公司——超微半导体公司（AMD）。

1993年Intel公司推出了80586，即大名鼎鼎的奔腾处理器（Pentium）。3年后，AMD公司推出了完全自主设计的K5处理器，1年后上市的K6处理器的性能达到了同代Intel处理器的水准。

进入21世纪，CPU主频突破了GHz。之后，工业界放弃了提升主频的研发方向，转而关注多核处理器技术。2005年，AMD公司率先推出双核处理器Athlon64X23800+，而Intel处理器产品更新到酷睿系列，也就是我们买电脑时常说的i5、i7系列。几十年间，Intel公司的处理器芯片与微软公司（Microsoft）的Windows操作系统联手，形成所谓Wintel（Windows + Intel）联盟，统治了桌面电脑时代。直到智能手机兴起，高通创投（Qualcomm）等移动端处理器公司崛起，Intel公司才逐渐退后。

Intel公司高歌猛进之时，AMD公司却受制于Wintel联盟。直到2017年，第七代锐龙（RYZEN）处理器问世，才全面崛起。

尽管Intel公司和AMD公司是CPU发展史上长存至今的最耀眼的两颗明星，但也有不少处理器在历史上留下了自己的名字。例如MIPS架构处理器、Clay向量机、Power架构处理器等。

图形处理器（GPU）正逐渐成为处理器家族中的另一位明星。GPU的目的是专门处理图形相关任务。1984年之前，计算机中的图形任务由CPU兼

职完成。随着计算机图形界面的极大丰富，SGI 公司首先推出了面向专业领域的高端图形工作站，配备了专用的图形处理硬件，称为图形加速器。然而直到 1999 年，英伟达公司（Nvidia）发布了 Geforce256，才第一次出现了 GPU 的概念。此后的 2001 年，Nvidia 公司推出了世界上首款可编程的 GPU Geforce3，并在之后不断增强 GPU 的可编程能力。进一步提出的通用型 GPU（General Purpose GPU，GUGPU）的概念，使得 GPU 能用于与图形处理任务类似的其他高性能计算任务。目前，Nvidia 公司的 GPU 在游戏业和人工智能领域中占据了举足轻重的地位。

此外，还有一种较为重要的处理器是数字信号处理器（Digital Signal Processor，DSP）。对于大量的数字信号处理，例如视频信号与音频信号的编解码等，CPU 无法做到实时处理。因此在 20 世纪 70 年代人们提出了 DSP 的理论和算法基础。1978 年，AMI 公司发布了世界上首颗单片的商用 DSP 芯片 S2811。到 1980 年，日本电气股份有限公司（NEC）推出了第一个具有硬件单周期乘法器的 DSP 芯片 mPD7720，标志着 DSP 芯片正式独立出来。如今全球 DSP 芯片由 TI 公司主导，在通信和音视频编解码领域大显身手。

现在回过头来看，在 1947 年发明第一个晶体管时，人们很难想象处理器能发展到如今单片集成上百亿颗晶体管的规模。伴随着人工智能等科技领域的蓬勃发展，进一步提升处理器的性能面临了极大的挑战，而应对挑战的可能是 NPU、TPU 等专用处理器，也可能是新的指令集架构，我们难以预测未来发展的方向。但可以相信在不远的将来，处理器发展的下一个历史性时刻就会到来。

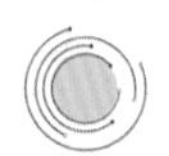

处理器的基本原理——取指、译码、执行、访存、写回

当我们用鼠标点击电脑屏幕时，处理器该如何处理这一事件，又怎样在显示器上显示点击的效果呢？我们将通过一个简单的模型介绍中央处理器（CPU）的工作原理。

CPU 由控制器（Controller）、运算器（ALU）、内部存储器（Memory）、时钟模块组成（图 6.1）。由于芯片内部存储器的规模比较小，无法存放所有内容，因此需要为处理器配备外部存储器。我们将内部存储器称为寄存器，将外部存储器简称为存储器。多个寄存器堆叠构成了 CPU 内部的寄存器堆（Register File）。

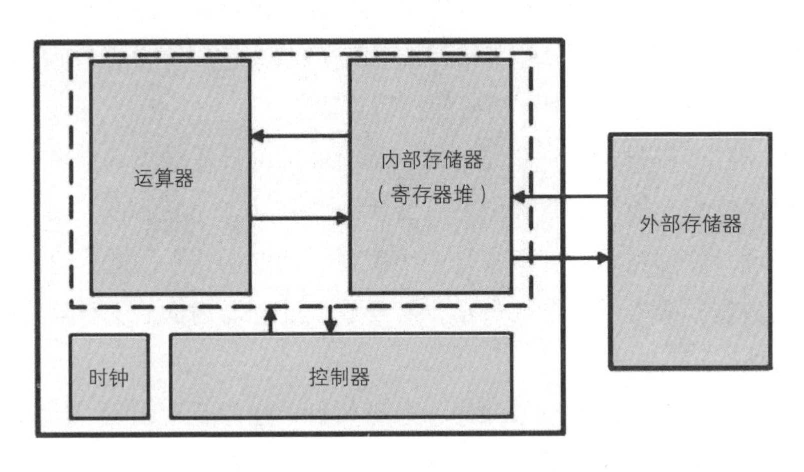

图 6.1　CPU 的简单组成结构

现代处理器大都以指令的形式运行。程序员编写的程序被翻译成由“0”和“1”组成的计算机命令，处理器获取命令，然后根据命令的内容执行指定的操作，完成操作后再去取下一条指令，重复上述过程。这一过程可归纳为五个基本步骤，即取指、译码、执行、访存和写回。

处理器运行的第一步是访问存储器并获取命令，这称为**取指**。处理器内部有一个寄存器专门存放目标命令在存储器中的地址。当执行了取指的步骤后，该寄存器中的当前地址就会指向下一条命令的地址。一般的程序指令地址是按顺序递增的，但有时也会根据当前命令执行的条件，如 if/else 分支语句，来决定下一条命令的地址。

当处理器获得命令后，它需要解析命令以搞明白具体是什么操作，这称为**译码**。以加法命令为例，对于计算 $c=a+b$ 的命令，处理器获取的命令会包含如下元素：操作类型——加法，操作对象——a 和 b，操作结果——c。除了加法操作，计算机命令还包含许多其他的操作，如访问存储器、分支跳转等。

在处理器弄明白操作的具体内容之后，它就可以调用内部的算术运算部件和逻辑运算部件去**执行**命令了。还是以加法命令为例，操作数（a，b）和

运算类型（+）被送入运算部件，通过诸如加法器等电路完成加法计算，计算的结果将留待后续指令使用。

执行步骤之后是**访存**步骤，即根据命令的要求将计算结果放入外部存储器中，或从外部存储器中获取数据。这是因为寄存器能够存放的内容是非常有限的，其中还有一大部分是用于存放 CPU 的状态控制等内容。因此大量的数据只能放在外部存储器中，当要使用时再取出。

CPU 工作步骤的最后一步是**写回**，即将此前的计算结果等信息存回寄存器，以供后续指令使用，或标记处理器状态的变动。一般而言，相对于 CPU 的内部处理，外部存储器的读写是一个很耗时间的操作。因此，对于可能马上使用的数据，或表示状态的数据，需要放入处理器内部的寄存器堆中以供及时快速地访问。

一个简单的处理器可以按顺序，循环执行上述的五个步骤。但这样在取指或译码阶段，运算器等部件就会处于空闲状态，造成电路资源的浪费。为了提高 CPU 的工作效率，研究人员借鉴了工业生产的流水线概念，将取指、译码、执行、访存和写回这五个步骤按照特定的时序执行（图 6.2）。取指单元完成取指令操作，将指令丢给译码单元后，马上就进行下一次取指令操作，而不需要空等到所有五个步骤都完成。译码等步骤也是如此，完成自己的任务后，将结果丢给后续步骤，马上就进行下一次译码操作。这就像是一边吃着碗里的，一边瞅着锅里的，同时还惦记着田里的。看上去有些“贪心”，但确实大大提高了处理器的工作效率。通过更细致地切分流水线，可以缩短每级流水线的工作时间，进一步提升处理器主频。

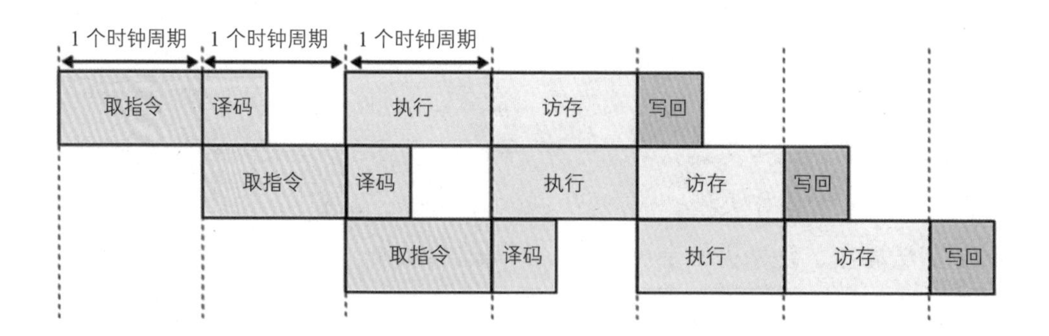

图 6.2　采用流水线方式运行的 CPU 工作原理

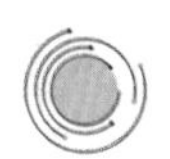

处理器的指令集与架构

从上文中我们已经了解了，软件程序会被翻译成处理器能读懂的指令。现代处理器所运行的各种复杂的程序，经过抽象可以归纳出数百，甚至数千条指令，这就是指令集架构。要读懂这些指令，硬件电路需要根据指令集架构进行设计。因此，指令集架构是沟通软件与硬件的中间层。根据不同的指令集架构而设计的处理器，能运行的程序类型是不一样的。也就是说，不同指令集架构的处理器不能通用。我们常用的 Intel 和 AMD 处理器是基于 X86 指令集设计的处理器，而目前大多数智能手机上的处理器是基于 ARM 公司的指令集设计的。因此手机不能直接运行为 X86 指令集设计的程序。除了最主流的桌面端的 X86 指令集和移动端的 ARM 指令集，还有一些知名的指令集，如 MIPS 指令集、RISC–V 指令集等。

处理器的两类指令集

处理器指令集的设计存在两种流派，一种是指令特别复杂，包含大量信息，可以做很复杂的事情。由于每条指令功能各不相同，需要针对不同任务进行特别设计，也就是指令集包含了大量的指令；另一种只设计一些基础的简单指令，通过简单指令的不同组合去完成复杂的任务。前者被称为复杂指令集（Complex Instruction Set Computer，CISC），典型代表为 X86 指令集，后者被称为精简指令集（Reduced Instruction Set Computer，RISC），典型代表如 ARM 指令集和 RISC-V 指令集。

CISC 的单条指令执行效率高。早期处理器的时钟频率较低，需要每条指令尽可能地多做事情，所以 CISC 占据了主流。但是，CISC 包含数千条不同的指令，据此设计的处理器也非常复杂，难以升级维护。事实上，人们发现 CISC 中常用的指令不到 10%。随着处理器主频的提升、设计技术的进步，使用 RISC 也能同样高效率地完成任务，RISC 架构的处理器由此逐渐兴起。实际上，现在的 X86 等 CISC 架构的处理器，其内部也是将复杂指令先翻译成类似精简指令的微码，再送入执行部件。这样，CISC 处理器实质上也结合了 RISC 架构的思想。

处理器的两大架构

有了指令集架构，我们就可以据此设计处理器了。然而光有处理器，计算机还无法运行。处理器，加上与之配合的存储器、输入输出设备等，才能构成我们平时使用的计算机。根据计算机理论，常用的处理器架构有两种。

目前使用最广泛的一种计算机架构被称为冯·诺伊曼架构。美国数学家、计算机学家约翰·冯·诺伊曼（John von Neumann）参与了世界上第一台电子计算机 ENIAC 的设计，并首先在架构层面将计算机划分为五大部件——运算器、控制器、存储器、输入设备和输出设备，如图 6.3（a）所示。运算器（ALU）现在都集成在处理器中。处理器通过输入设备获取的数据首先被放入存储器，而处理器从存储器中取出指令或者数据进行处理或运算，并将结果写回存储器或送到输出设备上。简单地说，冯·诺伊曼架构让计算机摆脱了硬件电路决定程序的状况，呈现出硬件与软件相分离的形态，从而使计算机真正具有了可编程的功能。诺伊曼也因此被称为“现代计算机之父”。

另一种计算机架构被称为哈佛架构，如图 6.3（b）所示。它与冯·诺伊曼架构最大的不同是将存储器进一步划分为指令存储器和数据存储器：程序指令单独放在指令存储器中，而数据则放在数据存储器中。这样，处理器的取指令操作和取数据操作分离，两者可以并行执行，并且指令和数据可以具有不同的位宽，提高了存储器读写的效率。

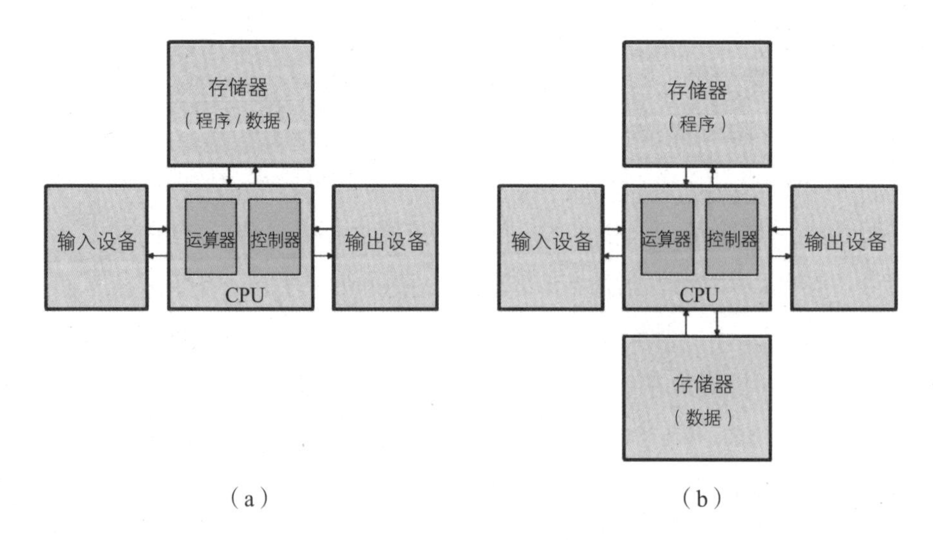

图 6.3　常用的两种处理器架构
（a）冯·诺伊曼架构；（b）哈佛架构。

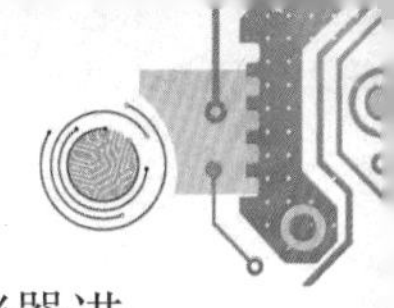

对于非常复杂的程序，处理器需要频繁调动指令和数据块，对存储器进行重新分配，因此冯·诺伊曼架构的指令和数据统一编址的存储方案使用较为普遍。而哈佛架构常用于嵌入式处理器的场景，此时执行的程序较为固定，能发挥指令和数据分开访问存储器的优势。此外，融合这两种架构优点的混合式架构也获得了广泛应用。

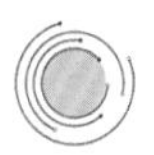

通用处理器与专用处理器——CPU还是DSP

根据应用的场景，处理器可分为通用处理器（CPU）和专用处理器（DSP），它们所对应的指令集也分为通用指令集和专用指令集。

通用处理器可以处理各种不同类型的程序，最典型的就是服务器和桌面电脑使用的CPU芯片。其所使用的指令集具有通用性。配合冯·诺伊曼架构，通用处理器能灵活地执行许多不同的算法。

然而，通用处理器为了处理不同类型的算法，需要为高的可编程性做出变通，增加了许多不常用的指令。通用处理器虽然功能很强大，但为了兼顾每一类型的算法而无法达到最优的性能。

在数字信号处理等领域，存在大量可并行化运行的向量计算任务，需要用到的操作有较强的规律性。针对这一特定应用领域，可以设计特殊的指令集和处理器，即专用指令集和专用处理器，如GPU和DSP。一般来说，随着专用程度的上升，处理器的灵活性和可编程性会降低，但计算效率和性能会提升。

由于专用处理器能运行的程序有限，而且很难编程，因此需要具备较为专业的知识才能发挥它的最佳性能。目前，受到广泛认可的一种方案是将通用处理器与专用处理器相搭配，形成异构计算机系统，优化整个系统，达到最佳效率。

百花齐放，各有千秋——大名鼎鼎的处理器

计算机技术发展到如今，诞生了很多种型号的处理器。它们留下的优秀设计案例还将持续地影响行业的发展。下文简要介绍一些大名鼎鼎的处理器。

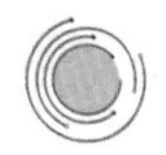

CPU：中央处理器

作为最著名、出货量最大的处理器芯片，CPU 在其发展历史中出现过多款明星产品。从最早期的 Intel 4004 处理器开始，CPU 一直代表着处理器设计的最前沿技术。下面简要介绍在 CPU 中曾经出现过，或仍在使用的技术。

缓存

早期的 CPU 直接从外部存储器中取数据。当时处理器与存储器的运行频率相差不大，这种访问存储器的方式不会造成性能下降。然而，随着 CPU 工作频率的上升，访问外部存储器所耗费的时间越来越长，拖累了计算机整体的性能，这种现象被称为“存储墙”。为了打破存储墙，研究人员发明了缓存（Cache）。

缓存是基于程序的时间局部性和空间局部性设计的，所谓时间局部性就是当前数据有很大概率在之后的指令中继续使用，而所谓空间局部性则是与当前数据相邻的存储地址中的数据有很大概率在之后的指令中使用。

受益于上述程序的局部性，CPU 将部分数据（或指令）预先从外部存储器中调入缓存。因为缓存集成在处理器内部，它使用高速存储器 SRAM，其访问速度远高于外部存储器。在运行程序时，CPU 先查看缓存中是否有需要用的数据或指令。如果有，则称为缓存命中，CPU 直接从缓存获取数据；否则称为缓存失效，需要重新访问外部存储器。

配合高效的程序编译器和缓存管理策略，现在的处理器通过缓存获得较大的速度提升。当然，缓存只是计算机层次化存储体系的一部分，计算机存储层次从内部靠近处理器的一侧，到外部远离处理器的一侧，遵循容量逐渐增大、速度逐渐降低的原则（图 6.4）。

分支预测

除了访存指令，另一类占用时间较长的指令是分支指令。所谓分支指令是指根据当前指令的执行结果，判断下一条该执行什么指令。由于分支指令需要等待执行结果，导致指令的流水线操作不能满负荷运转。

为此，设计人员发明了分支预测技术。其核心思想是猜测分支指令的执行结果（包含跳转方向和跳转地址），并根据猜测结果，取下一条指令正常送

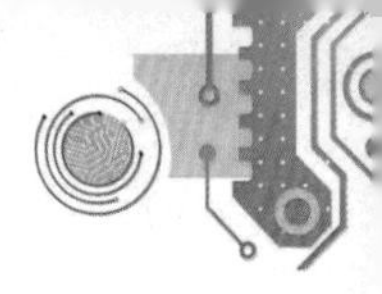

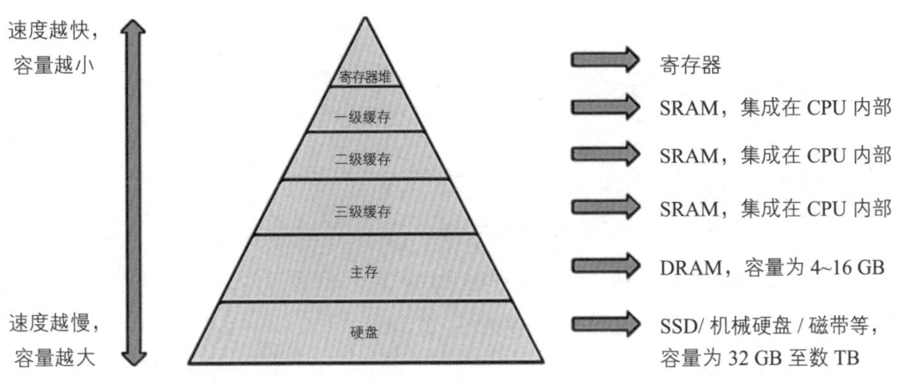

图 6.4　计算机中的存储层次

入流水线。当获得分支指令的执行结果后，如果知道猜测结果不一致，就将流水线中的所有指令全部清零，根据实际的结果重新取指令运行。那怎么进行预测呢？或者说预测的依据是什么？一种可行的方法是根据之前的分支指令执行结果进行预测。实践证明，高效算法使分支预测成功率能达到 90% 以上，大大缓解了分支指令对处理器性能的影响。

乱序调度

当指令需要较长的执行周期时，后续的指令要使用当前指令的执行结果，就必须等待当前指令计算完。然而，此时流水线中相关运算部件处于空闲。乱序调度就是将指令的执行顺序打乱，使更后面的指令可以越过前面的指令提前执行，从而提高流水线运算部件的利用率。

由于在流水线入口处打乱了指令的执行顺序，因此需要在提交结果时还原顺序。这时候要用到名为重排序队列的电路部件。重排序队列收集乱序调度的指令执行结果，根据先前保存下来的相关调度信息，对相关结果进行重新排序，按照指令，原本的顺序将结果写入存储器或寄存器中，确保程序运行结果的正确性。

超标量发射

超标量技术允许处理器一次性取出和执行多条指令。它用空间换时间，通过增加硬件电路来提高处理器的性能。例如，设计人员给处理器配置了两套取指部件和对应的流水线，理论上该处理器能达到单条流水线处理器性能的 2 倍。但实际上，由于指令间存在相关性，后续指令需要等待之前指令的执行结果，实际的性能提升可能只有 20% 或更低。

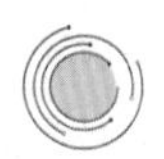

GPU：图形处理器

GPU 的诞生是为了分担原来由 CPU 处理的图形相关的任务。相比于 CPU，GPU 将大部分电路资源用来计算。它具有成百上千个可并行执行的计算单元。尽管每个单元执行的任务较为简单，但面对图形处理这样的任务，GPU 高并发的结构特点展示出它的巨大优势。

GPU 有两种形式，一种是作为独立芯片存在，从外部通过总线与 CPU 配合工作。这种 GPU 称为独立显卡；另一种是与 CPU 一起集成在芯片的内部，这种 GPU 被称为核芯显卡。前者的代表是 Nvidia 公司的 GeForce 系列，而后者的代表是 Intel 公司的酷睿系列。通常来说，独立显卡的 GPU 芯片集成了更多的晶体管，其性能要强于核芯显卡。

对于图像的顶点渲染和像素渲染，GPU 通常使用可编程的计算部件实现。其庞大的部件数量所带来的并行计算能力使它适合大规模的计算加速，如神经网络的模型训练等。由此，衍生出了通用型 GPU 概念（General Purpose GPU，GPGPU），用于通用计算。Nvidia 公司的产品线中，GeForce 系列是面向图像显示的 GPU，而 Tesla 系列是面向高性能计算的通用型 GPU。

Nvidia 公司最新的安培架构 GPU，双精度计算和单精度计算分别采用了 3456 核和 6912 核，峰值算力为 19.5 TFLOPS（19.5 万亿次浮点运算），并且具有面向张量计算的 Tensor Core。当然，增加计算算力的代价是增加的芯片面积和功耗。采用安培架构的 GPUA100 芯片拥有 510 亿颗晶体管，采用 7 nm 的工艺制造，芯片面积达到 826 mm^2，功耗达到 400 W。

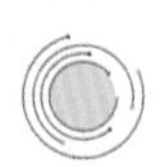

NPU：神经网络处理器

随着人工智能的发展，神经网络相关技术变得越来越火热，而其快速发展离不开硬件算力的支持。早期，科研人员使用 CPU 进行神经网络计算。后来，人们发现 GPU 可以大大加速神经网络的训练和推理计算，因而转向研究用 GPU 进行神经网络相关的科学计算。然而，GPU 架构毕竟要顾及老本行——图形计算相关的任务，对神经网络计算的硬件支持有限。为此，一种领域专用的神经网络处理器 NPU（Neural Processing Unit）被设计用于专门加速神经网络相关的计算任务。

考虑到神经网络中有许多高维度的矩阵（张量）运算，并且许多张量是稀疏的（即矩阵中的大部分元素为 0，或接近于 0），NPU 中包含了大量张量计算单元。NPU 从指令集层面就直接面对大规模神经网络计算。通过超长指令字，一条指令即可完成一次复杂的卷积运算。相比之下，CPU 或 GPU 可能要几百条指令来完成一次卷积。此外，NPU 像 GPU 那样，包含了许多可以并行执行的运算单元，并针对神经网络计算的特点，优化存储器的访问与数据带宽，从而提高数据搬运效率。例如，谷歌公司（Google）的张量处理单元（TPU）作为 NPU 的一种，通过增加领域专用性提升了性能，相比 CPU 或 GPU 速度提升了 15~30 倍，而效率提升了 30~80 倍。

芯片上的生产车间——IP 核

现在的复杂功能芯片往往是由多个不同功能的模块电路搭成的。采用预先设计好的模块，可以方便快速地在处理器芯片中集成多个功能。常见的模块包括电源模块、时钟模块、处理器模块等。由于芯片设计人员有不同擅长的领域，他们希望把精力放在自己擅长的、有独特竞争力的产品设计方面，对通用模块不想花费过多时间，而希望使用别人现成的知识产权（Intellectual Property）芯核。因此，IP 核技术随之应运而生。

IP 核就是芯片中需要使用到的，但是由他人设计完成的功能模块。芯片设计方向，芯片生产厂商支付模块的许可使用费获得 IP 核的授权。直接使用别人预先设计好并经过验证的成熟 IP 核，设计人员可以将主要精力投入自己擅长的重点模块和整体芯片设计上，节约了设计成本和时间。

IP 核按照授权程度的不同，分为软核、固核和硬核。它们的主要区别是 IP 核的完成度和应用灵活度的不同。从软核、固核到硬核，完成度逐渐增加，但灵活度渐次降低。

IP 核按模块功能分类，出货量最大的是处理器类 IP，包含中央处理器 IP、多媒体处理器 IP、通信处理器 IP 等。其次是接口类 IP，如常用的 USB 接口、PCIE 接口、AXI 总线接口等。此外，电源类 IP、存储类 IP 等在 IP 核

市场中也占有一席之地。

中央处理器 IP 核

中央处理器 IP 核就是许可使用的处理器核。其中，最著名的是 ARM 系列处理器 IP 核。英国 ARM 公司的主要业务是 ARM 指令集处理器的 IP 研发与授权，市场上的智能手机基本采用基于 ARM 公司授权的专用处理器芯片。ARM 公司的 IP 经营模式使其垄断了移动处理器 IP 核的市场。从高性能的移动处理器（如 Cortex-A 系列），到低功耗的嵌入式处理器（如 Cortex-M 系列），都有 ARM 公司 IP 核的身影。

当然，ARM 公司的处理器 IP 也不是没有对手，正在兴起的 RISC-V 指令集处理器对它的统治地位提出了挑战。目前，阿里巴巴集团（Alibaba Group）基于 RISC-V 开发的处理器成功地运行了安卓系统，在不久的将来，我们也许就能看到基于 RISC-V 指令集的中央处理器了。

多媒体处理器 IP 核

当前移动互联网中，很大一部分的应用是处理多媒体相关信息。多媒体信息具有数据量大，处理算法复杂，实时性要求高等特点。为此，工程师设计了多媒体领域专用的处理器。常用的多媒体处理器 IP 核包含视频编解码 IP 核、音频编解码 IP 核和图像信号处理器等。

比较有代表性的多媒体处理器 IP 核是视频编解码处理器。视频信息需要特定的压缩和解压缩算法，来节省信息存储空间和传输流量。考虑到如今视频分辨率已达 4 K，帧频也达到了 60 Hz。若按原始数据量计算，一秒就会产生数 GB（十亿字节）的数据。视频编解码处理器采用了大数据位宽的接口，高度并行的处理机制，以及特殊的大缓存空间等针对性的改进措施，以加快视频压缩和解压缩处理。

另一种常用的多媒体处理器 IP 是图像信号处理（Image Signal Processing，ISP）。手机拍照得到的图像信号需要经过白平衡调整、动态范围调整等多个计算步骤，才能呈现最终完美的效果。因此 ISP 对于处理速度的要求非常高。

以 Qualcomm 公司的旗舰芯片骁龙 888 为例，其配备了 3 个 Spectra 580 的 ISP 核，能支持 10 bit 大动态范围（HDR）的图像格式，拥有高达每秒 27 亿次的计算速度。

通信处理器 IP 核

通信处理器 IP 核，又称基带处理器，顾名思义，就是用来处理通信相关信号的 IP 核。我们常说的 WiFi 芯片、4G/5G 基带芯片，就是典型的通信处理器 IP 核。它主要负责信号的调制与解调。由于通信协议对信号的发射和接收有详尽的约束性规范，信号传输过程中还需要加入纠错功能，所以射频芯片（见第三章）在发射信号之前和接收信号之后，都需要通信处理器对信号进行处理。

目前通信处理器 IP 分为外挂式和集成式。如华为的麒麟芯片集成了巴龙通信处理器 IP 核，而 Qualcomm 公司的骁龙芯片则采用了外挂基带。它们的区别是基带 IP 核与中央处理器 IP 核是否集成在单一芯片中。

当然，除了手机芯片，大型的通信基站等同样需要使用通信处理器芯片。由于要支持各种不同的信号调制方案，并且还要考虑功耗等问题，通信处理器具有较高的入门门槛，它是通信厂商强大研发实力的写照。

接口类 IP 核

接口类 IP 核是除了处理器类 IP 核外，出货量排名第二的 IP 核。这是因为输入输出接口是芯片与外部设备进行交流的窗口，是芯片的基础部件之一。

按照数据传输方式分类，USB 和 PCIE 等属于高速串行接口，数据通过一根数据线一位一位地发送。而 PCI 等为并行接口，通过多根数据线同时传输多位数据。并行接口一般需要复杂的物理设计，以确保信号同步。因此，中高速接口都采用串行传输数据的方法。USB3.0 的数据传输速率达到了惊人的 5 Gb/s。关于接口的具体信息将在下一节中介绍。目前，EDA 公司 Synopsys 在接口类 IP 供应商中占据主导地位，另一家 EDA 公司 Cadence 则紧随其后。两者是除 ARM 公司外，全球第二和第三大 IP 供应商。芯片设计

公司通过采购标准化的接口类 IP 核，节省了研究复杂接口协议需要的时间，极大缩短了研发周期，提高了设计稳定性。

芯片上的高速公路——总线

总线可以定义为将两个及以上的模块（部件）连接起来，以完成数据交换的一个通路。总线与接口是相互对应的，只有使用和总线相配套的接口，芯片才能识别从总线上传过来的数据，或向总线发出可被识别的数据。每条总线都有一整套对应的规则，包含了物理传输层的接口外形、尺寸、机械设计；电气层的管脚电压、电平标准；协议层的信号时序、握手规则，以及架构层的硬件模型、软件架构等。

总线的应用和标准化可以让不同厂家的产品（如外接设备、IP 核等）方便地集成在一起，互相协作。例如，通过标准的输入输出接口与总线，我们可以很方便地使用不同厂商的 USB 设备——键盘、鼠标、U 盘等，只要接口符合所定义的 USB 总线标准。可见总线与接口技术降低了计算机应用的难度，具有重要意义。

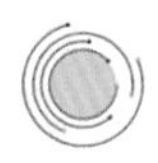

总线类型

总线的类型可以从多个不同的分类角度进行划分。

按照总线在计算机中所处的位置，可以分为片上总线、内存总线、系统总线和设备总线。

片上总线是芯片内各个模块互相连接的总线。常见的有 ARM 公司推出的 AXI 总线、AHB 总线等。片上总线可以使用几种不同的系统拓扑架构，如共享地址和数据总线架构，共享地址总线并使用多数据总线的架构，或是多地址总线多数据总线架构。具体用什么架构取决于数据传输速率和总线连接的主从设备数量等因素。

内存总线是连接处理器和主存储器（内存）之间的总线。由于存储单元需要特殊的读写方式，内存总线往往独立于其他总线。常见的内存总线有 DDR2、DDR3 等；DDR 是双倍速率同步动态随机存储器的简称，即该存储器在时钟上升沿和下降沿分别传输一次数据，从而将数据读写的效率提升 1 倍。

系统总线主要是多处理器互相连接的总线。例如，中央处理器与图形处理器的连接，或多个中央处理器之间的连接等。系统总线是处理器和其他芯片进行数据交换的主要通道。目前，系统总线主要采用高速串行技术来实现。常见的有 Intel 处理器的 QPI 总线和 AMD 处理器的 HT 总线。

设备总线用于计算机系统中输入输出设备与处理器芯片之间的连接。与系统总线不同的是，输入输出设备包含慢速设备，如键盘、鼠标等。相对而言，系统总线的规格高于设备总线。常见的设备总线有 Intel 公司的 PCIE 总线等。此外，常见的 USB 接口和 SATA 接口也可以归类为设备总线，和 PCIE 总线处于同一层次。

除了所处的位置，按照总线上数据传递的方向，总线可分为单向总线和双向总线。而双向总线还能进一步分为半双工总线和全双工总线。前者虽然可以双向传输信号，但任一时刻只能往一个方向传输信号。而后者则能够同时间双向传输数据。

按照总线传输的信号类型，可分为串行总线和并行总线。并行总线包含多位信号传输线，可以在同一时刻传输多位数据；串行总线只有一位传输线，一次只能传输一位数据。并行总线的带宽更大，但要保证多位数据同时到达接口并防止数据混淆是个比较困难的任务；而串行总线可以通过高频率和数据流打包传输等技术提高数据传输速率。因此，目前的高速总线基本都是串行总线。

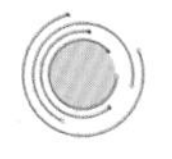

总线仲裁

一条总线上往往会连接着多个模块（设备）。如果某一时刻，多个模块同时提出使用总线，但总线只能容纳一个模块的数据，这就需要使用总线仲裁设备或算法，进行总线使用权的判别，按照任务优先级，将总线资源分配给最需要的模块。

按照仲裁机构的设置方式，总线仲裁可分为集中仲裁和分散仲裁。集中仲裁的判别由一个中央仲裁器控制，常用的仲裁方法有链式查询法、计数器

定时查询法和独立请求法等。分散仲裁不需要中央仲裁器，每个模块有自己的仲裁号和仲裁器，通过查询其他模块的仲裁，并与自己的仲裁号进行比较，从而判断自己是否能使用总线。

总线的仲裁难度随着总线连接节点的数量增加而增大。因此，尽管总线实现简单，且易于实现广播通信，但在连接节点众多的情况下，例如众核处理器（10 核以上）或大规模机群系统，往往需要采用其他的互联方式，如交叉开关、片上网络。

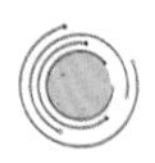

片上网络

针对传统互联结构的缺陷，查尔斯·L. 里茨（Charles L. Seitz）和威廉·J. 达利（Willam J. Dally）在 21 世纪初提出了片上网络（Network-on-chip，Noc）的概念。片上网络借鉴了我们常用的分布式网络的 TCP/IP 协议传输数据的方式，将节点的数据打包，通过各个节点的路由器和路由算法进行“存储 – 转发”，从而实现模块间的通信。片上网络的研究对象主要有拓扑结构、路由算法、流量控制等。

片上网络的拓扑结构就是各个节点的连接方式，最简单的有二维网格（图 6.5），其代表性的应用产品是 Tilera 公司的 64 核处理器。

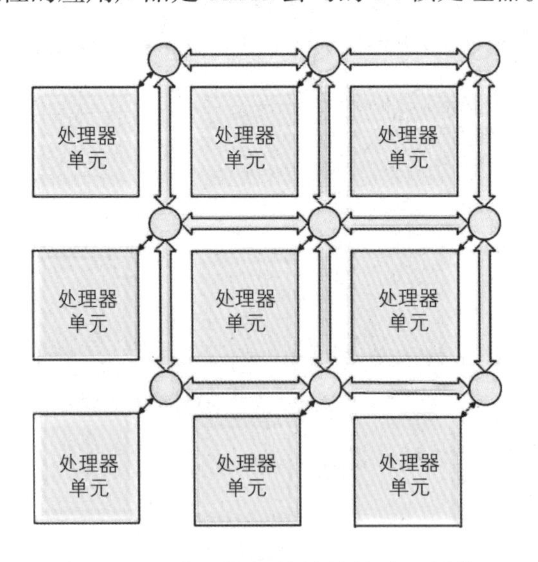

图 6.5　二维网格拓扑结构的片上网络

路由算法则是规定了数据包在节点中传递的路径。对于环形连接而言，路由算法只有一种。但对于二维网格连接，可以有多种不同的路由算法，导致完全不同的传输效率。

流量控制是用来组织每个节点中有限的存储，发送资源的算法，可以类比为交通管理部门通过红绿灯控制每个路口的通行情况，确保没有堵车现象。

聚沙成塔——用 IP 核搭建的片上系统 SoC

有了各种各样的 IP 核和总线，我们可以将它们集成到一颗芯片上。这就形成了所谓的片上系统，或者叫作系统芯片（System-on-Chip，SoC）。系统芯片包含了处理器核、电源管理模块、输入输出接口模块等，使单颗芯片就能构成一个完整的微型计算机（出于制造成本，以及使用便利度等原因，系统芯片一般不包含存储、外接设备等部件）。

系统芯片技术让芯片的集成度得到极大的提升。通过使用总线架构技术、软硬件协同设计、IP 核复用技术等，相较于多颗单独的芯片组合的方式，系统芯片带来了性能上的飞跃。我们可以将单独的芯片类比为一幢幢不同功能的房子，例如图书馆、医院等。那通过电路板将多个分立芯片整合在一起，就像是由各种建筑组成一个小镇。而系统芯片则是一幢摩天大楼，其中某一层是图书馆，而另一层是医院。相比较于在小镇中通过马路前往不同的建筑，在摩天大楼内，通过高速电梯和快速通道，可以更迅速地到达目的地，同时还无需忍受风吹雨打、苦夏寒冬。显然系统芯片在运算速度和稳定性方面有较大的优势。

当然，系统芯片最大的优点在于高集成度。一颗小小的芯片就几乎整合了一个完整的信号处理系统。这一技术用在哪里最合适呢？智能手机？难道不是吗？一部手机，既要完成无线通信、拍照摄像、播放音视频，又要能运行各种小程序，还要管理电池。而这么多的功能，都包含在一颗系统芯片中。下面我们就来见识一下手机上的系统芯片吧。

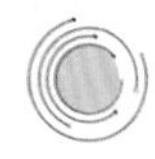

高通骁龙芯片

美国 Qualcomm 公司成立于 1985 年。2007 年 Qualcomm 公司推出了首款系统芯片，其系列称为骁龙芯片。目前，国内的 OPPO、VIVO、小米等手机品牌都使用 Qualcomm 的骁龙芯片。

完整版的骁龙芯片包含中央处理器（CPU）、图形处理器（GPU）、图像信号处理器（ISP）、基带信号处理器（IBSP）等模块。以骁龙 888 芯片为例，该 SoC 中包含 X60 集成式基带。在 CPU 方面，基于 ARM 架构的 Kryo 680 处理器由 1 个 ARM Cortex-X1 核，3 个 Cortex A78 核和 4 个 Cortex A55 处理器核构成，包含了 4 MB 的 L3 缓存和 3 MB 的系统缓存。这种大小核 CPU 搭配的策略可以有效应对不同应用场景对性能和功耗的不同需求，在高性能场景启用大核，而在低功耗场景使用小核。

考虑到如今的移动设备对拍照性能的需求，骁龙 888 芯片增加了独立的 GPU Adreno 660 以及强大的 ISP Spectra 580；同时为了处理人工智能的相关应用，骁龙 888 集成了第六代 AI 引擎 Hexagon 780 处理器。骁龙 888 芯片采用三星 5 nm 工艺制造，集成了超百亿颗晶体管，可见现代芯片规模之大。

苹果 A 系列芯片

美国苹果公司（Apple Inc.）的 A 系列处理器最早诞生于 2010 年，用在 iPhone 4 手机上；此后，在 2012 年随 iPhone 5 发布了全新的 A6 处理器，这是 Apple 第一款脱离 ARM 标准架构的处理器；随后的 A7 处理器采用了全新的 64 位设计，也是历史上第一款用于移动端的 64 位处理器。

Apple 最新的 A14 芯片使用中国台湾的台积电公司的 5 nm 工艺制造，在不包含基带的情况下集成了超过 118 亿颗晶体管，设计了 6 核 CPU、4 核 GPU 和 16 核神经网络引擎。

Apple 取得了 ARM 指令集的授权，配合其半导体部门强大的设计能力，A14 芯片所有的模块都是由 Apple 自主研发，而非采用 ARM 的公版架构。再配合 Apple 强大的软硬件协同能力，使得 Apple 处理器在同样使用 ARM

授权的情况下，性能要优于其他厂商的产品，带给消费者更好的手机使用体验。

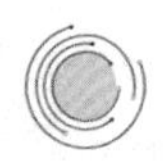

华为麒麟芯片

中国华为公司的处理器芯片，就是麒麟芯片。自从2009年发布第一款K3V2处理器以来，麒麟处理器一步步成长为可以和高通骁龙处理器、苹果A系列处理器相抗衡的产品，展现了华为公司强大的技术研发能力。

华为公司与高通公司类似，采用在ARM公版CPU核的基础上，自主改动的策略。但二者的设计思路并不相同，造成了二者实际性能存在差别。华为公司目前最新型号的产品是麒麟9000处理器。它同样采用台积电5 nm工艺，集成150亿颗以上的晶体管。麒麟9000处理器包含了1个8核CPU（同样采用大小核设置，1个A77大核，加3个降主频的A77中核，以及4个A75小核），一个3核NPU和一个24核GPU。此外，华为作为通信厂商，还为麒麟芯片集成了巴龙5G基带处理器，使其具有全球领先的通信信号处理能力。

除了上述三家公司外，韩国三星公司（SAMSUNG）的Exynos处理器、中国台湾的联发科公司的天玑处理器等，也在手机芯片市场拥有一定的占有率。

第七章　会瞬间变脑的可编程芯片
——创造神奇的 FPGA 软硬件

逻辑功能可遂愿改变的芯片

FPGA 是英文 Field Programmable Gate Array 的缩写，中文翻译为现场可编程门阵列。从名字看，这是一种可以由用户进行逻辑功能编程的集成电路。FPGA 电路的可变逻辑功能是由基本逻辑门单元构成的二维阵列来实现的。

专用集成电路与可编程逻辑芯片的不同之处

前面第一章介绍的数字芯片一旦设计并制造完成后，其逻辑电路结构是固定不变的，即具有固定的运算功能。比如，NMOS 晶体管和 PMOS 晶体管可以组成一个反相器，实现信号求反的功能。再复杂一些，用基本的反相器、“与非”门等，可以组成一个加法器，实现两个数字信号的相加。这些具有固定功能的数字芯片，一般称为专用集成电路（Application Specific Integrated Circuit，ASIC）。

如果一个专用芯片在应用中，有时候需要做加法运算，有时候需要做乘法运算，就需要同时在芯片上集成一个加法器、一个乘法器。但随着电子系统的应用不断扩展，总会出现所需要的新功能在已经做好的专用芯片中不具备的情况。这样，功能固定的专用集成电路无法满足电子系统应用中不断出现的对芯片功能的新要求。这个时候，一个逻辑功能可变的 FPGA 芯片就可以登场一显身手了。世界第一款 FPGA 芯片是美国赛灵思公司（Xilinx）发布的 XC2064。它是由 64 个可编程逻辑模块组成的可编程逻辑芯片。相比专用集成电路，可编程逻辑芯片的好处就是通过可编程的特性，让一个制造好的芯片随时可以变化出很多不同的逻辑功能，从而大大降低了设计多个不同功能芯片的硬件成本，就像一个 CPU 可以运行不同的程序实现多种运算一样。CPU 与 FPGA 可编程的区别在于 CPU 运行的是软件，是软件可编程。而 FPGA 改变的是电路结构，是硬件可编程。

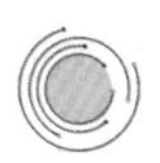

可编程逻辑单元的电路结构

要实现逻辑可编程的能力，FPGA 芯片一般由可编程的逻辑单元以及可编程单元之间的互联线来组成。现在最常用的可编程逻辑单元是一个 6 输入的查找表单元（Look-up-Table，LUT）。6 输入的查找表单元（简称 6–LUT）其实就是拥有 64 个 SRAM 单元的存储器模块（在第五章中曾经介绍过 SRAM 存储器）。它通过 6 根地址线来找到（寻访）64 个存储单元中的某一个来控制是从这个单元读出数据，还是写入数据到这个单元。当然，这个单元还需要一根数据输入线，用来提供要写入的数据；以及一根数据输出线，用来读出存储单元里面的数据。注意，这里的读数据是指执行已经存在 FPGA 芯片里的逻辑功能，写数据则是为 FPGA 芯片赋予新的逻辑功能。

使用可编程逻辑芯片，首先要向芯片里的每一个查找表单元写入数据，来确定用户希望实现的逻辑功能。这一过程称为编程下载。FPGA 正常工作的时候，只要选中不同的地址线，就会在输出数据线上读出不同的逻辑值。有兴趣的读者可以参阅《FPGA 原理和结构》（日・天野英晴主编，人民邮电出版社 2020 年出版）或其他 FPGA 设计的相关资料，来了解其详细的工作方式。

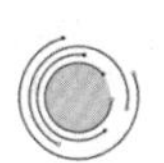

可编程逻辑单元如何工作

我们来简单看一下可编程逻辑单元在编程下载、工作状态两个阶段，是

如何改写和执行逻辑功能的。首先，我们假设有一个包含2位输入地址线、4个存储单元的查找表（其中，2位地址线具有的4个数值00、01、10、11，分别对应4个存储单元的地址）。为了实现一个2输入“与”门的功能，在编程下载阶段，我们在存储单元0（对应地址00）、存储单元1（对应地址01）、存储单元2（对应地址10）分别存入“0”，存储单元3（对应地址11）存入“1”。在工作状态时，当我们输入地址为11时（即选中存储单元3），其输出为“1”。而当输入地址为10、01、00时（分别选中存储单元2、存储单元1、存储单元0），其输出都是“0”。这就实现了一个“与”门逻辑。说到这里，我们可以回顾一下第一章介绍的逻辑真值表，这里的查找表就是与之相对应的硬件。类似的，如果我们的编码是在存储单元0存入“0”，其余存储单元存入“1”，则可以实现一个2输入“或”门逻辑。不难证明，一个6输入64单元（即6位输入地址线64个存储单元）的查找表可以实现任意的6输入的逻辑函数。简单推算一下，6输入的逻辑函数可以有 $2^{2^6}=2^{64}$ 种。这是一个巨大的数量，可见查找表的逻辑表达能力有多么强大。

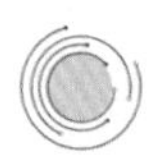

可编程逻辑单元如何互相连接

有了可编程逻辑单元，还需要用可编程的单元互联方式，把多个可编程逻辑单元以某种方式连接起来，实现复杂的逻辑功能。比如，一个4位的加法器可以用4个串连起来的3输入全加器来实现（图7.1）。其中，每个全加器模块中的5个逻辑门可以用2个3输入查找表来实现。一种可编程互联是由连接模块（CB）与转换模块（SB）组成（图7.2）。在可编程逻辑单元（CLB）、连接模块、转换模块之间存在的所有连线称为连线资源。其中，连接模块决定逻辑单元的输入输出如何与连线资源连接，转换模块则可以形成连线资源的贯通。图上每个小圆点代表一个可编程的连接开关，可以通过编程的方式决定其是连接还是断开。现在的FPGA中，可编程互联可以将上百万个逻辑模块，包括查找表单元（LUT）、寄存器、乘加单元（DSP）、块存储器（BRAM）、高速接口模块，相互连接起来，实现非常复杂的逻辑功能。

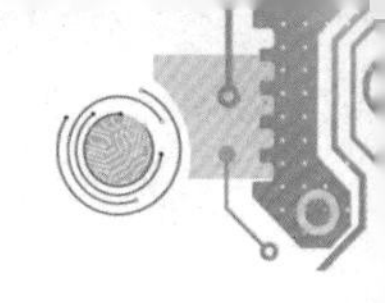

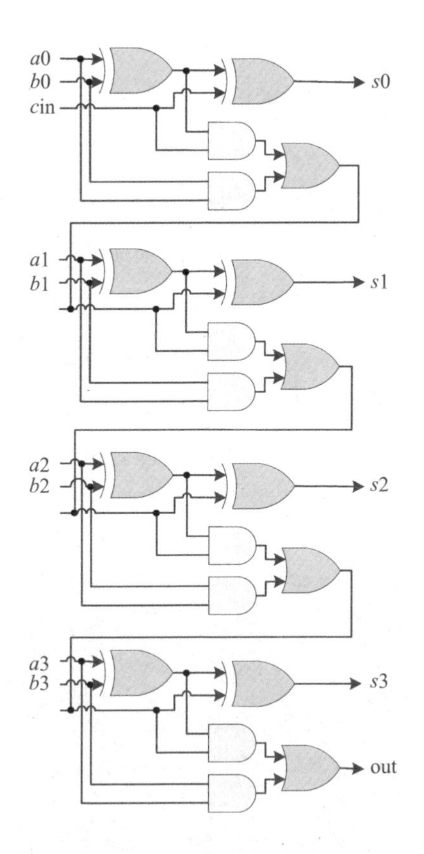

图 7.1　4 位加法器的逻辑门电路

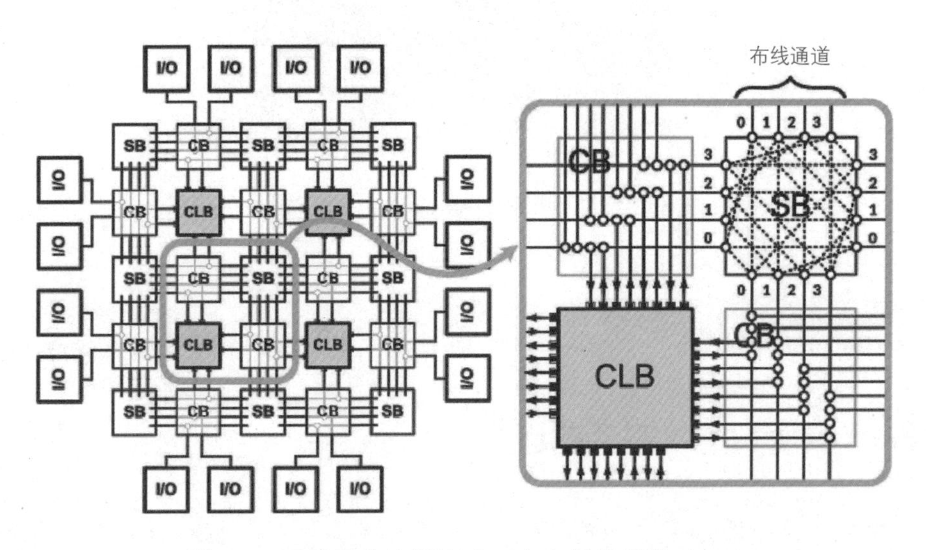

图 7.2　可编程连接模块（CB）与转换模块（SB）

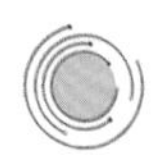

可编程逻辑芯片胜任哪些工作

有了可编程逻辑单元和可编程互联，我们就可以设计可编程逻辑芯片了。这里给大家展示了一款实际的 FPGA 物理版图（图 7.3）。对于任意的逻辑电路，只要往芯片里的各个逻辑单元写入不同的编码及控制互联，就可以实现几乎任意的逻辑功能。今天，一个 FPGA 芯片上集成了上百万个可编程逻辑单元，可以实现各种复杂的功能，包括图像变换、人工智能计算、信号处理、视频处理。FPGA 已经成了和 CPU 处理器并列的通用型功能芯片，并被广泛地应用在通信、工业控制、自动驾驶等各个领域。

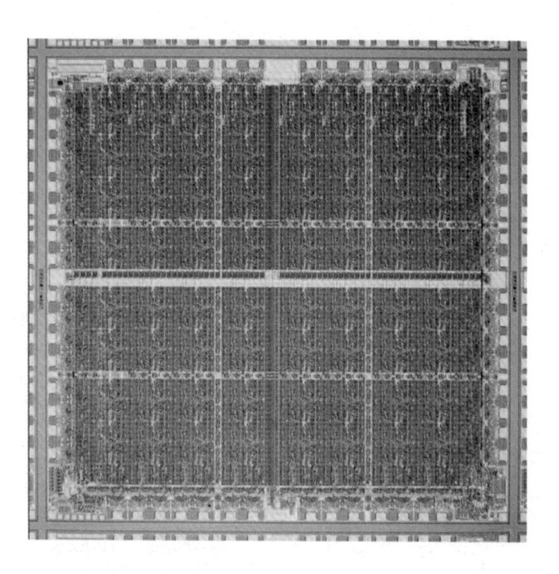

图 7.3　FPGA 芯片的物理设计版图（摘自 IEEE Spectrum[3]）

FPGA 的发展历史

首块 FPGA 芯片的诞生

FPGA 是由罗斯 · 弗里曼（Ross Freeman）发明的。1984 年，他和伯纳德 · 冯德施密特（Bernard Vonderschmitt）及詹姆斯 · V. 伯内特二世（James

V. Barnett II）创立了 Xilinx 公司。这家公司坐落于硅谷的 85 号高速公路边上。一年后，Xilinx 公司推出了世界第一款 FPGA 芯片 XC2064。这个芯片有 64 个逻辑模块，按 8×8 排列，采用 2 μm 工艺，共有 8.5 万个晶体管。每个逻辑模块由 1 个可编程逻辑单元、1 个存储寄存器及互连线组成。和今天的百万逻辑单元的 FPGA 芯片相比，XC2064 实在太小，实现不了什么复杂的逻辑功能。其实就算在当时，XC2064 的逻辑规模也不算大。弗里曼当初设计这款芯片的时候，就只是用来做一些复杂电路中间的控制逻辑。XC2064 的另外一个应用就是做电路的原型验证，即设计人员设计了一个专用集成电路后，为了避免因设计错误导致芯片制造出来后无法使用，先把这个电路在 FPGA 上实现，仿照实际运行环境进行电路的逻辑功能测试，以在芯片制造前预先确保所设计的专用集成电路是正确无误的。

FPGA 的核心是可编程的逻辑模块。目前，大部分的 FPGA 产品都使用 LUT 结构。前文已经介绍了 LUT 逻辑模块。除此之外，还有一种基于多路选择器（MUX）的可编程逻辑模块。它是由 Actel 公司（现为 Microsemi 公司）开发出来的，其中每个 MUX 是一个 2 输入选 1 输出的逻辑门。Actel 公司的逻辑单元由 3 个 MUX 组成，可以实现多种 8 输入的逻辑。如果我们以单位芯片面积可实现的逻辑函数种类来评价，这种基于 MUX 的逻辑模块结构的性能应当比 LUT 结构好很多。但真正影响这两种结构 FPGA 发展的，却在于它们所采用的 EDA 软件算法。

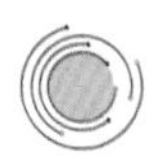

影响 FPGA 发展的 EDA 软件

1994 年，美国加州大学洛杉矶分校（UCLA）的丛京生（Jason Cong）教授和丁玉正（Eugene Ding）博士提出来一个面向 LUT 结构的性能优化算法，并证明性能优化的算法可以在多项式时间里求解。多项式时间可求解的算法问题被称为 P 问题。P 和 NP 问题是计算机理论里面的一个重要分类问题。相对比，面积优化问题被证明是 NP 问题，即一般认为无法在多项式时间里求解。1999 年，丛京生教授和吴昌（Chang Wu）博士提出了一个更为有效的基于枚举算法的面积优化算法。这一算法达到了线性复杂度，并超越当时所有面积优化算法的效果。这两个算法的提出非常有效地解决了基于 LUT 结构

的 FPGA 的工艺映射问题。这两篇研究论文分别获得 IEEE 协会计算机辅助设计会刊（TCAD）的最佳论文和 ACM 协会评选的 FPGA 发明 20 年以来的最佳论文。相比之下，基于 MUX 结构的 FPGA 依然缺乏成熟的工艺映射算法。之后，LUT 结构逐渐被多家 FPGA 厂商采用，包括世界上最大的 FPGA 公司 Xilinx 和 Altera，并成了事实上的 FPGA 标准结构。

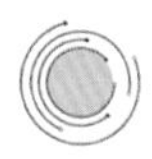

应用对 FPGA 技术的推动

FPGA 发明后，除了用在 ASIC 设计的原型验证外，还在通信领域获得广泛的应用。通信基站和仪器的一个特点是要兼容不断更新的通信协议，算法迭代快。但专用集成电路设计周期长、成本高，要兼容新的协议，需要重新设计制造 ASIC。这在新的协议更新速度与经济成本上并不是最佳方案。而 FPGA 只需要重新设计就可以兼容，不需要重新制造芯片，因此更新周期短、实现成本低。由于 FPGA 的重复编程功能非常适合通信算法快速更新迭代的需要，通信设备领域的巨头华为、中兴通信成为了 FPGA 芯片的大客户，每年都要采购数亿美元的 FPGA 产品。

同时，通信增长的需求也深刻影响了 FPGA 的体系结构设计。一方面是从初期的 4 输入 LUT 变成了现在的 6 输入 LUT，以提升 FPGA 电路性能。另一方面，增加了乘法计算单元，以满足信号处理算法的需求。

让我们回到 1992 年。那时，Xilinx 公司已成立 8 年，FPGA 产品开始销往中国。Altera 公司也很重视中国市场，尤其是快速发展的通信市场。但中国当时的一些专家非常有远见地提出，要发展中国自主的 FPGA 产品。

1992 年，Xilinx 公司推出 XC4010 芯片。相比于 XC2064 的 64 个逻辑单元，XC4010 有 400 个逻辑单元，芯片运算能力实现了很快的增长。但 Xilinx 公司的开发软件还是过于初级，根本就没有现代意义上的 EDA 软件。那时候的软件工具不但没有图形界面，甚至不是完整的程序。当时 Xilinx 公司的设计软件是由几个分立的小工具组成，工具之间通过文件接口相连接。没有图形界面和人机交互能力，缺乏查错工具。这和今天 FPGA 设计软件的图形化、生态化是完全没法相比的。同一个时候，北京集成电路设计中心已开发了一套全部国产的 EDA 软件，包括版图设计与验证、电路图设计、设计文件（EDIF）数据输入输出、设计版图数据生成、图形界面（Graphical User Interface，GUI）等工具，为FPGA设计软件的研究打下了坚实的基础。这里要提一下，当时的北京集成电路设计中心，就是今天中国EDA行业领先企业华大九天的前身。它以开发国产EDA熊猫系统而闻名。

在FPGA领域，一个重要的事件是2010年Xilinx公司收购高层次综合软件公司AutoESL，开始研发面向高级程序语言的EDA软件。2013年，Xilinx公司发布了以软件为中心的发展策略。这表明FPGA设计软件已经向平台化方向发展，并形成软硬件结合的护城河。这使得初创公司很难打破巨头的垄断。事实上，2015年研究分时复用大容量FPGA的美国Tabula公司关门，标志着国外FPGA初创时代的结束。相比之下，中国的FPGA初创公司依靠广阔的国内市场正在快速发展，形成了中国集成电路产业的特色。

神奇的EDA软件

有了可编程芯片，设计人员要使用它，还需要一套完整的EDA软件工具。这套工具包括设计综合、逻辑优化、物理设计、时序分析、编程码流生成以及设计验证与查错等软件。如果说第一代64单元的FPGA还可以依赖人工完成电路设计、物理设计与码流生成。现在的FPGA芯片上有上百万个逻辑单元，离开了EDA工具，没有人可以完成这样复杂的一个设计。下面我们来看看EDA软件到底能做些什么。

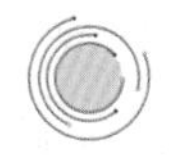

设计FPGA的硬件描述语言与逻辑综合工具

从前面数字芯片、处理器芯片的介绍中，我们了解到，现在的设计人员都使用Verilog或VHDL这两种硬件设计语言进行电路设计。比如要设计一个加法电路，我们可以写一个Verilog程序来描述它（图7.4）。这个加法器的设计程序简单直观，但这样的逻辑功能级描述是无法直接放入FPGA实现加法的。

我们需要在用硬件描述语言描述了电路的逻辑运算功能后，再用一个叫

```
model adder ( input[ 3:0 ]a, input[ 3:0 ]b, output reg[ 3:0 ]c, input clk );
always @ ( posedge clk ) begin
c = a + b;
end
endmodel;
```

图 7.4　Verilog 程序示例

作“综合”的工具读入这个 Verilog 设计文件，并通过一系列的优化过程，生成一个逻辑门级的电路。这一过程也称为 RTL 综合。之后，我们还需要做逻辑优化及工艺映射，生成一个可以在 FPGA 芯片上实现的 4 位加法器的逻辑门电路（图 7.1）。最后，我们对 FPGA 内部的逻辑单元进行布局布线，变成一个物理版图数据，生成编程码流，下载到 FPGA 芯片上。这样，FPGA 就可以进行加法运算了。

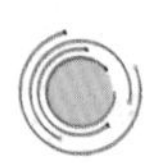

使用图形化界面的 EDA 设计工具

现在的 EDA 工具都能自动完成上面所讲的全部设计流程。可是，如果回到 FPGA 刚推出来的那几年，EDA 工具可没有这么好用。前文提到，直到 1992 年，Xilinx 公司的 FPGA 设计软件还是由很多个单独的小程序组成。使用者必须很清楚如何使用这些独立的小程序，它们的输入输出界面，以及这些小程序如何拼接在一起，才能完成整个设计流程。这无疑提高了对设计者专业要求。当然，有一个好处是每一个小程序的输出都是一个文件，可以用编辑器来读设计文件，从而分析问题，甚至手工修改设计。为了方便设计人员高效使用 FPGA 的设计软件，Altera 公司和 Xilinx 公司先后使用了图形界面开发 EDA 设计工具。现在，图形化设计界面已用在所有的 FPGA 工具中，设计人员可以很方便地用图形工具完成 FPGA 的全流程设计，包括设计输入、综合、物理设计、结果显示、时序分析等（图 7.5）。

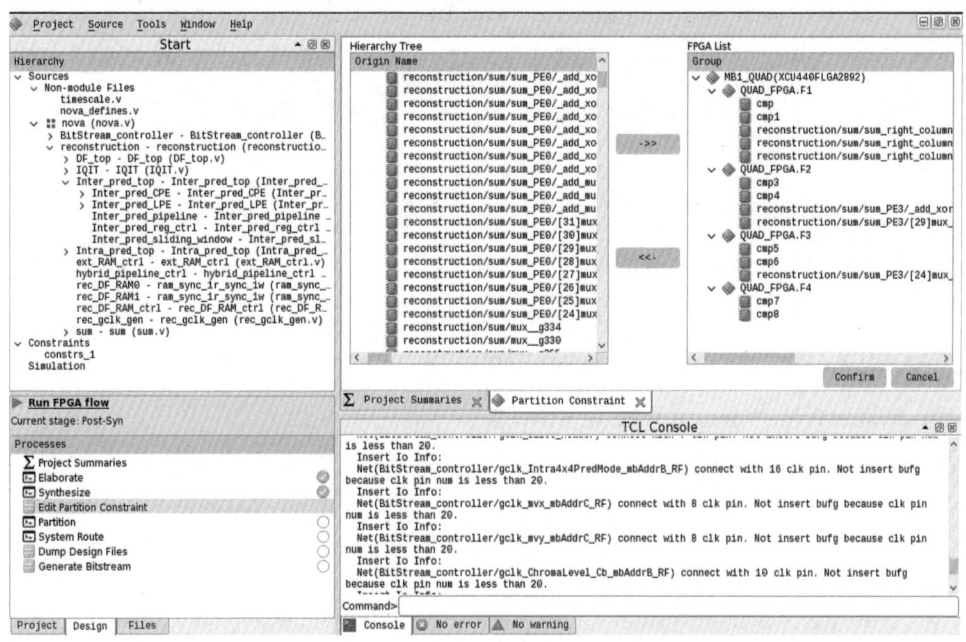

图 7.5　图形化 FPGA 设计自动化工具

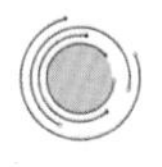 FPGA 设计：从行为级描述到逻辑生成的综合工具

FPGA 诞生之初，综合算法沿用了基于单元库的 ASIC 综合算法。对于 4 输入 LUT 结构，需要穷举所有的 4 输入逻辑函数，并形成一个由芯片工艺映射的逻辑单元库。所谓工艺映射，是将一个通用的逻辑门级逻辑网表，转化为用 FPGA 上现存的逻辑单元就可以实现的网表。可是 4 输入的 LUT 要实现的逻辑函数有 $2^{2^4}=65536$ 个，这是非常大的数量。对这样一个庞大的逻辑单元库进行工艺映射，运行时间非常长，优化效果也不是很好。

1990 年，加拿大多伦多大学的罗伯特 · J. 弗朗西斯（Robert J. Francis）、乔纳森 · 罗斯（Jonathan Rose）和钟凯文（Kevin Chung）提出了针对 FPGA 的工艺映射算法 Chrotle，开创了专门面向 FPGA 的 EDA 软件研究，从而吸引众多科研人员开展相关 EDA 算法的研究。罗斯教授的实验室还开发了一个非常有名的 FPGA 布局布线工具 VPR。在综合方面，加州大学洛杉矶分校的丛京生教授实验室发表了 FlowMap 算法和 Praetor 算法。这些算法超越了当时的其他时序优化与面积优化的算法。此外，该实验室还研究了很多

先进的算法，覆盖了综合优化、时序优化、划分与聚类、布局布线等应用功能。这些研究极大地推动了基于 LUT 结构 FPGA 的 EDA 算法与体系结构的发展，对推动 LUT 成为世界主流 FPGA 产品的标准逻辑单元起到了巨大作用。

在 EDA 研究领域，美国加州大学伯克利分校（UC Berkeley）的研究人员也是不能不提到的。他们研究的开源综合工具 SIS、VIS、ABC 是学术界，甚至工业界都广泛采用的 EDA 工具，影响非常广泛。其中，罗伯特·K. 布雷顿（Robert K. Brayton）教授和阿尔伯特·圣乔凡尼 – 文森泰利（Alberto Sangiovanni-Vincentelli）教授是 EDA 综合方向的泰斗级人物。

可以说 20 世纪 90 年代是 EDA 研究与初创公司快速发展的年代。进入 2000 年后，FPGA 的发展进入了一个新的时期——软件化的发展。

FPGA 的软件化

电路设计经过了从物理版图设计，电路图设计，到 RTL 设计的发展历程。RTL 设计是其中一个重要的里程碑，它将电路设计从结构级设计层次提高到了行为级设计层次，使得设计一个复杂的数字电路在工程上具备了可行性。工程师只需要关注数字电路的系统结构与逻辑功能，而具体的电路实现则由综合工具来自动化完成。

但是，一个算法，即输入数据到输出数据的转换（计算）过程，依然需要工程师用手工方式完成相应的 RTL 设计。随着 FPGA 芯片规模的增加，功能的提升，能实现的电路已包含了千万个逻辑门。将计算算法转换为 RTL 设计也成了一个非常棘手的任务。这个时候，高层次的综合工具应运而生。

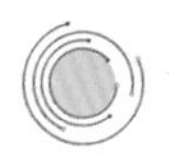

从计算算法到行为级硬件描述的自动转换

高层次综合是一个将计算机算法程序自动转换成 RTL 设计的 EDA 工具。高层次综合算法研究的历史和 RTL 综合研究的历史差不多一样长。然而，由于高层次综合比 RTL 综合的复杂度高得多，其商业化比 RTL 综合工具要慢得多。2003 年，丛京生教授的实验室发表了一系列高层次综合算法。随后，他创立了 AutoESL 公司开发商业化高层次综合 EDA 软件。2010 年，Xilinx 公司收购了 AutoESL，并以此为基础，构建其面向高级语言的开发环境。Xilinx 公司进一步开发了支持其异构芯片 Zynq（集成 ARM CPU 与 FPGA 芯片）的 SDSOC 软件工具，以及支持基于 PCIe 接口的 FPGA 芯片的 SDAccel 工具。2013 年，Xilinx 公司宣布了以软件为核心的 FPGA 设计方案，持续发展支持 C/C++ 语言程序的 EDA 工具与开发生态环境。

正是因为高层次综合技术与 EDA 工具的发展与完善，FPGA 开始成为一种高性能的计算芯片，从而得到工业界和学术界的关注。2015 年，CPU 巨头 Intel 公司以 167 亿美元高价收购世界第二大 FPGA 公司 Altera，以发展其“CPU + FPGA”的高性能异构计算的解决方案。2019 年，Intel 公司发布以高层次综合工具为基础的 OneAPI 异构计算软件开发方案。2018 年，在杭州举办的院士论坛上，丛京生教授在报告中讲到他研究 FPGA 高层次综合算法的目的就是要让不懂 RTL 设计的软件工程师也可以使用 FPGA 实现高性能计算。确实，今天会写计算机软件程序的工程师要比会做 RTL 设计的工程师要多得多。而写一个软件程序也要比写一个 RTL 设计快几十倍。高层次综合技术对于推动 FPGA 的不断发展，以及在数据中心中的应用发挥了至关重要的作用。

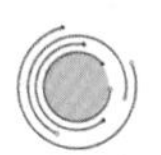

推动实现软件定义硬件的目标

高层次综合技术的另一个作用是推动软件定义的硬件技术的发展。对于 FPGA 这类可编程的芯片，有了高层次综合技术，用户可以像使用 CPU 一样，通过编写软件程序来方便地定义和使用 FPGA 芯片。像软件一样方便易用，这就是软件定义硬件的目标。

使用 FPGA 来进行算法计算的另一个目的是实现高性能计算，以突破发展几十年的引领计算机冯·诺伊曼架构的计算瓶颈。该瓶颈是指中央处理器与存储器之间因频繁的数据传输所带来的高延时与高能耗。相比之下，FPGA 的可编程逻辑单元可以形成并行计算与分布式存储以实现数据访问的低延时与低能耗。FPGA 既可以像 CPU 一样实现各种算法，又可以超过 CPU 的计算速度。尤其在以深度神经网络为代表的人工智能算法计算上，基于 FPGA 的高性能计算正成为学术界与工业界共同关注的方向。

FPGA 的未来：高性能计算

Intel 公司收购 Altera，标志着 FPGA 进入高性能计算领域，成为了公认的一个发展方向。在这之前，为了取得更高的性能，一是不断提高 CPU 的主频，使得单位时间可以执行更多的指令；二是采用多核或多 CPU 进行并行计算。并行计算最直接的应用是数据中心和云计算。通过部署大量 CPU，同时支持大量用户同时运行多个程序，来缩短计算时间。

随着工艺发展面临极限，以及功耗过大带来的散热问题，CPU 主频提高已经很困难。最近几年，CPU 的主频一直徘徊在 2~4 GHz。多个 CPU 的并行计算能够同时运行多个应用程序来提高计算的速度，单个 CPU 的计算性能依然受限于冯·诺伊曼架构，因为它采用的中央处理器与集中式内存。这就导致了单个程序的串行计算问题。要进一步提高单个程序的计算性能，可以利用 FPGA 的可并行的逻辑电路实现并行计算与并行数据访问，避免冯·诺伊曼架构的串行计算限制。并行计算在人工智能、图像与视频处理、机器视觉、高速信号处理与通信上具有至关重要的作用。

目前有三种通用计算芯片：CPU、GPU、FPGA。其中，CPU 速度最慢、能耗最大。GPU 可以实现高并行度计算，但有很大的计算延迟及高功耗。相比之下，FPGA 可以实现高并行度计算，而且计算延时小、能耗低。更为重要的是，FPGA 是异构并行架构，可实现多种不同计算的并行化，对并行计算的算法适用性最广。无论从研究的角度，还是从商业应用的角度，FPGA 是并行计算与高性能计算领域最有前途的计算芯片。当然，专用集成电路（ASIC）比 FPGA 具有更高的计算性能，但每颗专用芯片的计算算法固定，缺乏通用性，无法成为高性能计算的芯片解决方案。

我们以一个 96 × 96 分辨率的视频检测神经网络计算为例。在 14 nm 工艺制作的 Intel 的 i7-7700 k 上，我们可以实现每秒 0.43 帧的处理速度，耗费的能量为 95 J（焦耳，能量单位）。而在 28 nm 工艺制作的 FPGA 上，我们可以达到每秒 37 帧的处理速度，计算能耗只有 0.54 J。可以发现，FPGA 的计算速度提升了 86 倍，而能耗却降低了 100 倍。

当然，FPGA 在高性能计算方面应用遇到的最大困难是，在 FPGA 上设计电路的难度远远大于在 CPU 上开发高级语言程序的难度。这些困难在于现在的电路设计采用专门的硬件描述语言，设计底层复杂的 RTL 逻辑电路。而如果我们能够在更高的层次用高级语言更为简洁地描述复杂的逻辑电路，就可以大大降低设计复杂度，实现高效率的软件化电路设计。要做到这一点，必须采用高层次综合工具。高层次综合技术成为未来 FPGA 技术发展的方向。历经 20 多年，高层次综合技术在不断地成熟，新的 EDA 算法在不断地涌现。相信在不久的将来，人们将像使用 CPU 一样，通过软件编程来设计复杂的逻辑运算。

第八章　感知万物的“微观精灵”
——黑暗科技之 MEMS 芯片

认识 MEMS——一砂一世界

你憧憬的未来是什么样子
是人工智能架构的科幻世界
还是如阿凡达（avatar）般的人机交融、意识控制
是无人驾驶时空穿梭的惬意
还是机器人无微不至的呵护
一只无所不能的炫酷手表
一副一眼千里的隐形眼镜
一身钢铁侠般的纳米战衣
万物互联、万物皆媒
时空的界限或被打破
我们进入了一个“刷脸闻声、乃至意识控制”的时代
而开启这神奇世界的科技密匙，就是 MEMS

迷你精灵 MEMS

微机电系统（Micro-Electro-Mechanical Systems，MEMS）是一类器件，

是将微电子技术与微机械系统融合到一起的一种工业技术。它兴起于20世纪80年代末，被誉为“能在微观领域认识和改造世界的关键技术”。目前MEMS技术已经在人类的生产，乃至生活中无处不在，智能手机、智能手环、打印机、汽车、游戏机、无人机以及VR/AR头戴式设备，部分早期和几乎所有近期电子产品都有着它的身影。

MEMS有两个关键词。其一是“微”。将典型MEMS器件结构与蜘蛛腿和头发丝作对比，可以看出其小，如图8.1（a）所示。MEMS器件特征长度从1 μm到1 mm不等，微米（μm）是MEMS的常用长度单位，1 μm相当于1 mm的千分之一。而蚂蚁长度大约为几毫米，人的头发丝直径为60~90 μm；再往下，白细胞直径为8 μm，红细胞直径为4.5 μm，病毒直径为100 nm左右，这些肉眼就不可见了。其二是“系统”。所谓的系统就是要包含多个部件，如：传感器（或执行器），集成电路（完成信号处理和过程控制），带接口电路或无线模块（完成互联和通信），甚至带供电模块。MEMS就是这样一个完整的系统概念，与单个部件有千差万别。美国国防部高级研究计划局（DARPA）资助打造的MEMS大黄蜂无人机系统，如图8.1（b）所示，长度为23 mm，它集成了传感器、信号处理、执行器、电源管理等功能部件，使用氢燃料电池动力系统。它能够进行侦察监控，飞入建筑物内拍照、记录，甚至可以对叛乱分子和恐怖分子进行定点攻击。

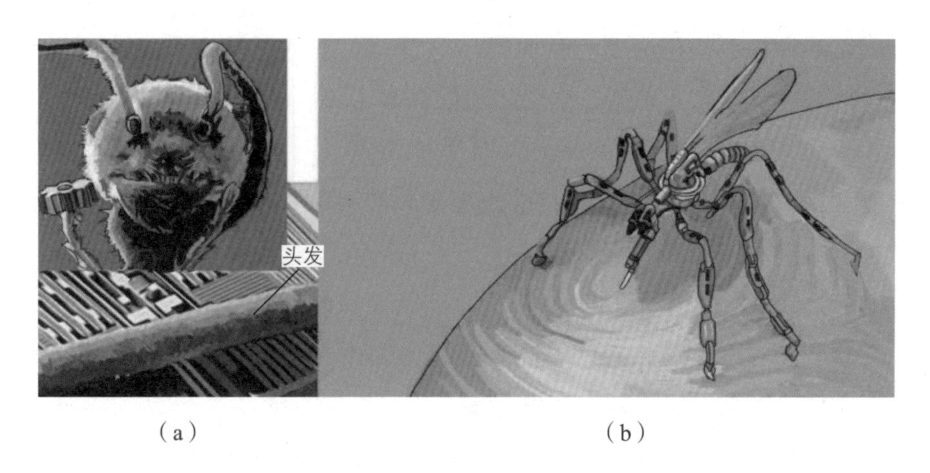

（a）　　　　　　　　　　　　（b）

图8.1　典型MEMS器件结构与“大黄蜂无人机”系统

（a）MEMS结构与昆虫及人的头发；（b）大黄蜂无人机与手拇指。

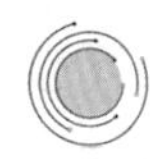

为何要 MEMS

1959年，美国物理学家、1965年诺贝尔物理学奖得主理查德·P. 费曼（Richard P. Feynman）发表题为“底部有足够的空间”的演讲，其中预言了纳米技术。当时他描述了我们如何在针尖上写出大英百科全书的每一卷。也许你会问：为什么要在如此小的尺度上做这样的事情？

航空界有句箴言：“为减轻每一克重量而奋斗！”一克重量犹胜一克黄金。长期以来，工程师在为减少一丝空间，减轻一克重量而欢欣鼓舞。听起来是不是有些不可思议？一丝空间，一克重量，这有什么了不起？那我们来看看陀螺仪的例子吧。陀螺仪是一种用来感知和保持方向的装置。传统陀螺的体积和一美元硬币的大小差不多，加上电路和读出设备，需要用一个手提箱才能带走，价格高达2万美元。而MEMS陀螺仪和婴儿的指甲盖差不多大小，集成了接口与信号处理电路，每套不到10美元。利用MEMS的微型化制造技术，可以把之前几十千克重的电子设备塞进比指甲盖还小的芯片中，却依然保持着优越的性能。与传统的传感器件相比，MEMS器件的轻量化与微型化带来更低的能耗和成本，更方便携带，经济和环境效益显著。

除了体积与成本的优势，MEMS在其他方面也表现卓越。在介绍之前，我们引入一个所谓“尺寸效应”的概念：当材料的尺寸减小至一定程度，其物理或化学性质会发生突变。在MEMS这种微小的特征尺寸下，我们常见的那些平凡的传统结构传感器，突然之间便拥有了不可思议的超能力。

第一个超能力是超载荷能力。以举重为例，世界上没有一个人能够举起超过他本身体重3倍的重量。2021年东京奥运会男子举重81 kg级冠军的挺举记录是204 kg。而我们眼中微不足道的蚂蚁却能轻易举起超过自身体重400倍的东西，能拖运超过自身体重1700倍的物体！不可思议吧，小小蚂蚁的相对承载能力会远超人类，它才是超级大力士。同理，微尺度器件的相对承载能力也比宏观尺度的器件高出很多。

第二个超能力是抗破坏能力。有没有发现，昆虫从很高的地方掉下去，很少会摔死。但我们人类要是从几米高的地方掉下来，后果难料哦。究其根本，就是小体积物体的抗破坏能力更强。拿玻璃来说，毫米见方的一小块玻

璃，比整块大玻璃的抗击打能力要强得多。

第三个超能力是超频振动能力。质量越小、频率越高，这是为大家熟知的一个现象。比如说蜜蜂，它的翅膀振动频率每秒可达 200 次，而大黄蜂的翅膀每秒可以振动上千次。但要是让老鹰每秒上百次地挥动翅膀，估计它得“哭”出来了。因为它实在是无能为力。所以说，器件尺寸越小，它的固有振动频率就越高，可以感知的外部信号的范围也更大。

第四个超能力是高集成度却低能耗，打个比方就是做得多，吃得少。MEMS 器件的微小尺寸导致其消耗的能量非常少，却依然能够高效工作。还是来说蚂蚁，它吃一丁点的东西，就能负重跋涉好长一段路程。同样，只要给点儿能量，MEMS 器件就能全负荷工作。同样因为身材迷你，多个传感器或执行器可以紧凑地集成为一体，实现系统的多功能化与智能化。以手机为例，一部 Apple 手机集成了 9~13 个 MEMS 器件，随着智能化要求的提高，MEMS 器件的使用量有望达到 20 个。

通过上面的介绍，你是否对 MEMS 器件已经有了一个感性的认识。尺寸小，成本低，性能好，MEMS 器件就是依仗这些优势，盛行于世，拥有强大的生命力。

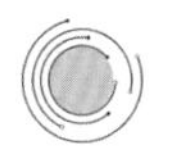

MEMS 的前世今生

MEMS 是 21 世纪具有革命性或颠覆性的高技术之一。其诞生和发展是“需求牵引”和“技术推动”的综合结果，更是一部恢宏壮阔的技术演变史，蕴涵了历代科技先驱们的卓越智慧。1987 年，美国加州大学伯克利分校教授发明了直径仅为 100 μm 的硅基微机械马达，这被认为是 MEMS 技术的开端；1993 年，美国 ADI 公司的微加速度计产品大批量应用于汽车防撞气囊，标志 MEMS 正式进入产业化。2016 年以来，受物联网、5G、人工智能等技术的推动，MEMS 传感器向着智能化、网络化、系统化的方向持续发展。

从历史上看，MEMS 的发展经历了三次产业浪潮：第一次是从 1990 年到 2000 年，以汽车电子为代表，如安全气囊、制动压力、轮胎压力监测系统等。第二次是从 2000 年到 2010 年，以消费电子为代表，主要是手机及移动互联网设备的大量应用。消费电子产品要求 MEMS 传感器有更小的体积和更

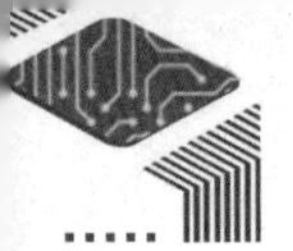

低的能耗表现。第三次是从 2010 年到现在，以物联网应用为代表。除了智能手机、平板电脑等消费电子之外，MEMS 传感器在 AR/VR、智能手表、智能驾驶、智慧物流、智慧医疗等领域都有广泛的应用，MEMS 的发展空间进一步得到拓展。在万物智能互联时代，MEMS 传感器将进入新一轮的快速成长周期。

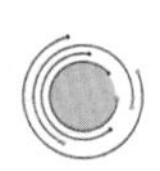

MEMS 的江湖——产业竞争的新高地

MEMS 传感器在我国商业化的时间还不到 10 年，但国家已构建了从科研、产品开发、设计，到代工制造、封装测试、下游应用的完整产业链，主要分布在长三角与珠三角地区。目前中国已成为全球行业的增长引擎，拥有全球最大的智能手机和汽车应用市场。2019 年，中国在全球 MEMS 市场中的占比大于 50%。

MEMS 器件早已风靡全球，但国内 MEMS 产业的发展方兴未艾。目前，国内企业规模较小、产品种类较为单一，技术明显落后于国际水平。国内市场严重依赖进口，中高端 MEMS 传感器进口占比达 80%。从目前全球排名前三十的企业统计数据来看，美、日两国占据绝对的优势。虽然困难重重，但国内厂商正在努力攻克技术以逐步突围。未来十年将是中国 MEMS 产业发展的黄金十年，国内 MEMS 产业任重道远，但蓄势待发！

知其所以然——走进 MEMS 的内在世界

大家应该已经很习惯这样一些日常生活场景：水龙头自动感应出水，商场大门自动开关，天黑路灯就亮，等等。如果你稍稍留意就不难发现，类似的智能产品正越来越多地出现在你我身边。而每一个神奇的背后，都有一个身怀绝技的 MEMS 器件。

MEMS 器件分为传感器和执行器。传感器就像人的五官，是感觉的器件，代替人去看、听、闻、尝；而执行器犹如人的手足，是做动作的器件，代替人去完成一件具体的事情。

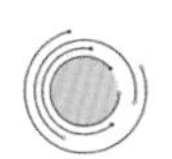

源于自然——MEMS 传感器

自然万物一直是启发人类发明创造的源泉。我们以自然为师，借助科技的力量，创造出各种各样的传感器。目前，MEMS 传感器已经成为人类探索自然的触角，以及智能系统的灵魂。科学家可以模拟飞虫精确定位的本能，实现智能导航；根据蚂蚁的行为特点，研制可以猜想人们意图的机器人；通过对壁虎脚中吸盘微结构的模仿，制作出能够在各种复杂表面上飞檐走壁的飞天手套。

前文说到，MEMS 传感芯片在前，专用集成电路（ASIC）芯片在后，两者封装在一起形成了一个“微系统”。其中，各类 MEMS 传感芯片犹如人的感官系统。例如，MEMS 麦克风芯片相当于耳朵，可聆听声音；MEMS 扬声器芯片相当于嘴巴，可发出声音；MEMS 加速度计、陀螺仪、磁传感器相当于小脑，可判断方向和速度；MEMS 压力传感芯片相当于皮肤，可感知压力；MEMS 化学传感器相当于鼻腔，可闻味识香。与传统工艺制作的传感器相比，MEMS 工艺制作的传感器具有体积小、重量轻、成本低、功耗低、可靠性高等特点，易于大批量生产，可实现应用系统的集成化和智能化。

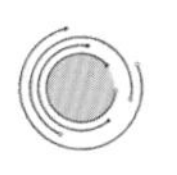

MEMS 传感器的门派

MEMS 传感器的种类繁多。根据测量原理不同可分为：物理传感器、化学传感器、生物传感器三大类。每一类 MEMS 传感器又有更细的分类。

细数已有 30 多种分类的 MEMS 产品，它们几乎覆盖所有我们已知的应用领域：消费类电子中，射频传感器、加速度传感器、麦克风、磁力计是主流产品；汽车电子对压力传感器、射频 MEMS、化学传感器、气体传感器、惯性传感器等的依赖度与日俱增；工业自动化、医疗电子迫切需要 MEMS 温度传感器、压力传感器、MEMS 光学传感器的加持。例如，新型冠状病毒肺炎疫情期间，MEMS 红外传感器成为市场爆品。随着时间的推移和技术的发展，我们可以预期 MEMS 传感器的种类还将不断增加，产品将变得更加丰富。

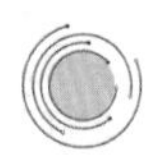

格物致知——MEMS 传感器工作原理

MEMS 传感器种类繁多，不胜枚举。它们的工作原理各不相同，设计鬼斧神工。这里仅以加速度传感器与 MEMS 麦克风两种传感器为例，简要说明物理原理。

MEMS 加速度传感器

如今，每个人都非常关注健康。不管是佩戴手环、手表，还是拿着手机，记录行走步数已成为很多人的生活习惯。那这些计步装置是如何工作的呢？打开手机或智能手环，我们可以看到，里面都有一颗非常小的 MEMS 芯片，它就是计步的关键器件——三轴加速度传感器，通过小小的它，就可以测量人行走时在三个不同方向上的加速度。通过对加速度的数值计算，就可以测算走路步数。那再深问一句，MEMS 加速度传感器是如何工作的呢？

加速度传感器，顾名思义，就是能够测量加速度的器件。我们知道，加速度是描述物体速度变化快慢的物理量。日常生活中，在踩刹车、滑滑梯，或是坐电梯时，我们都会感觉到它的存在。体会一下坐公交车时，站着的你，随着车的加速或减速，身体会前后晃动。

为了便于理解，我们假设一个弹簧模型：一块重量为 m 的质量块被左右两个弹簧拉着，如图 8.2（a）所示。居中没有位移时，质量块不动；当有位移时，受弹簧的拉力与压力，质量块产生一个小的位移 x_1。质量块受到的力可由著名的胡克定律得到。在弹性限度内，弹簧的弹力 F 和弹簧的形变量（伸长或压缩值）成正比，即 $F = kx$，其中 k 为弹簧的弹性系数。对于一根弹簧来说，k 是一个常数，跟弹簧的材料、长短、粗细等都有关系。所以质量块受到弹簧的合力为 $F = 2kx_1$。由牛顿第二定律可知，力是产生加速度的原因。加速度的大小与外力成正比，与物体的质量成反比，即 $F = ma$。所以 $2kx_1 = ma$，或者 $a = 2kx_1/m$。根据这个公式可知，我们只需要确定位移 x_1，便可知道加速度 a 的值。如果加速度大，则位移也相应变大为 x_2。我们可以用不同的方法来测量位移 x，如压电法（压电材料产生形变，材料表面有压力，会产生电压信号）、电阻法（材料的电阻随 x 变化而变化）、电容法、电感法或是光学法等。这些方法殊途同归，都将位移量变成我们习惯处理的电信号。

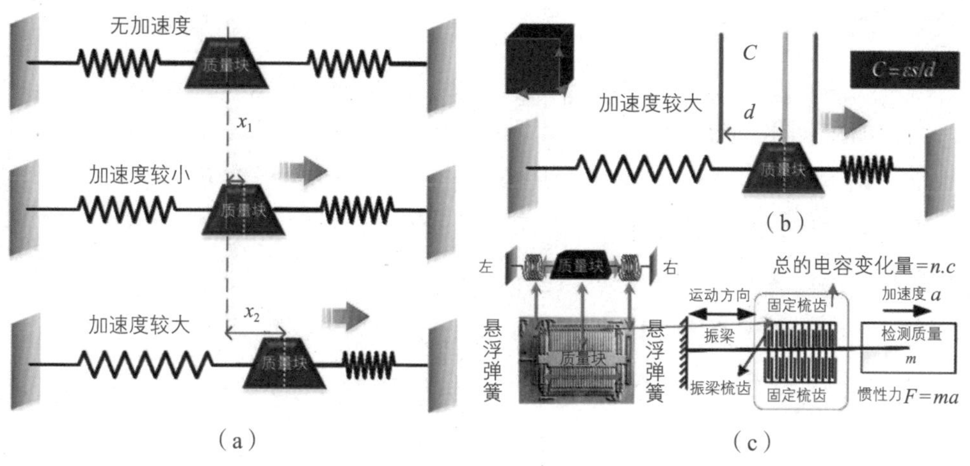

图 8.2 MEMS 电容式加速度传感器原理示意图

（a）假设的一个弹簧模型；（b）加速度下位移变化转变为电容变化；

（c）MEMS 加速度传感器结构示意图与显微器件结构。

以电容法为例。基础物理学告诉了我们电容的计算公式：$C=\varepsilon s/d$。它表示，平行板电容器的电容 C 跟平行板间绝缘层的介电常数 ε、平行板（也就是电极板）的面积 s 成正比，跟平行板间的距离 d 成反比。因此，通过改变两个电极板之间的距离，可以改变电容的大小。为了测量出电容值，我们在质量块上固定一个电极板，称为可动极板；在质量块两边固定两块电极板。这样，加速度的大小变化反映为可动极板随质量块在固定极板间的左右移动，加速度导致的位移变化转变为电容变化，如图 8.2（b）所示。利用 MEMS 技术加工弹簧模型的微结构，如图 8.2（c）所示，便可完成一个电容式 MEMS 加速度传感器。要测量三维（x、y、z 方向）的加速度，只需按方向放置 3 个加速度传感器即可。在实际产品中，由于一个电容的变化量过小，测量比较困难，需要并联 n 个电容器，使电容变化量增加 n 倍，相当于放大了小信号。

MEMS 硅麦克风

注意，这里说的麦克风（Microphone）不是我们通常说的话筒，而是传声器，负责将声音转换成电信号。有许多技术可用于声电转换，但电容式 MEMS 麦克风是其中尺寸最小、精度最高的一类麦克风。麦克风在消费电子、智能家居等领域有很广泛的应用，可以说凡是有声控功能的设备都需要它。

MEMS 麦克风采用一个“可移动的振动膜片 + 静态背板”的结构，形成一个可变电容，如图 8.3（b）所示。背板有穿孔，允许空气流通而不引起

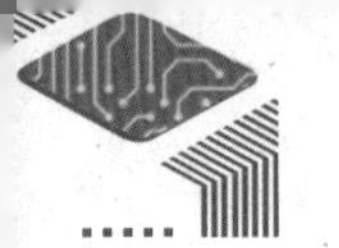

偏离。传入的声压波通过穿孔，引起薄膜振动，其运动量与压缩波和稀疏波的幅度大小成比例。这种运动改变薄膜与背板之间的距离，进而改变电容大小，输出变化的电信号，反映出声波的频率和幅度的变化，如图 8.3（a）所示。MEMS 麦克风的几何结构尺度为微米量级。背板穿孔直径可以小于 10 μm，振动薄膜厚度大约是 1 μm。振动薄膜与背板的间隙仅数微米。从器件横截面可以看到 MEMS 麦克风的纵向结构，如图 8.3（b）所示，从 MEMS 麦克风传感器芯片的顶部放大照片可观察到振动薄膜的外形，如图 8.3（c）所示。MEMS 麦克风接收到音频信号，经过 MEMS 微电容传感器，完成声电转换。通过后接的专用集成电路芯片完成对电信号的读取和放大，从而实现对声音的识别。

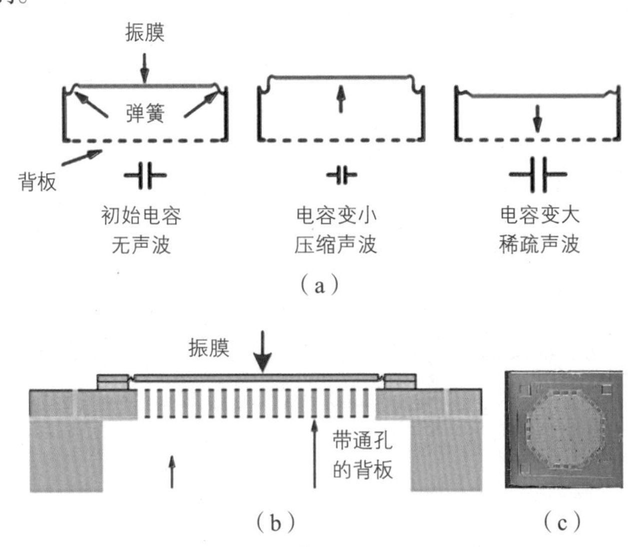

图 8.3　MEMS 麦克风原理与结构

（a）原理；（b）结构；（c）放大的麦克风芯片照片。

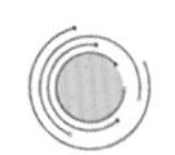

神奇的魔法手——MEMS 微执行器

微执行器是 MEMS 的另一核心部分，它既为微系统提供动力，也是微系统的操作和执行单元。驱动微执行器有许多种不同的方式。常见的有静电驱动、电磁驱动、压电驱动、热驱动、光驱动、形状记忆合金（Shape Memory Alloys，SMA）驱动和磁致伸缩驱动等。

从驱动的物理机理来看，主要有四类微执行器：电场力、磁场力、热效

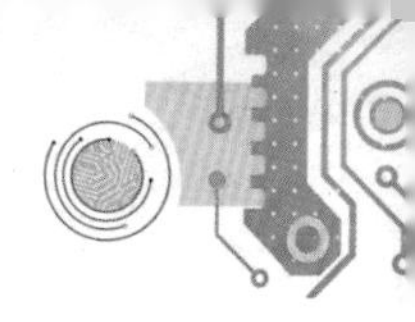

应和压电驱动。

平板式静电微执行器由两个极板组成。其基本工作原理是，对两个极板充电，两个极板将带上符号相反的电荷，极板间由此产生静电吸引力。这类微执行器结构简单，力的大小可由电压来控制决定，所以有着广泛的应用，比如微马达。

热执行器利用热膨胀效应，使驱动部件产生形变，改变驱动部件的结构，对目标物体施加所要求的作用力。在热驱动微执行器中，双变体结构的微执行器比较常见。由于热膨胀系数不同，两种材料会产生不同的热膨胀量，向热膨胀量较小的一方弯曲。常见的双变体结构为金－硅（Au–Si）悬臂梁结构。在悬臂梁通电时，由于多晶硅和金本身存在电阻，臂上将产生一定的热量，从而导致悬臂梁弯曲。如果两种材料间再涂上高热阻材料层加以隔离，则两种材料将分别产生不同的热量和温度，从而产生更大的弯曲度，但热驱动微执行器功耗较大，而且精度不易控制。

磁微执行器利用电与力的相互作用产生力矩。它有两种力的驱动方式：洛伦兹力和磁场力。目前，磁驱动的微执行器主要应用于微马达。磁驱动的微马达能产生较大的力矩和较高的转速，因此被广泛应用。

压电驱动的微执行器利用压电材料的逆效应，形成机械驱动或控制。某些物质在受到沿某一方向施加的压力或拉力时，会发生极化。此时，材料的两个表面会产生符号相反的电荷。由机械力的作用而引起材料表面电荷的效应称为压电效应。反之，在压电材料两端施加一定的电压，材料会表现出一定的形变（伸长或缩短），这一过程称为逆压电效应。利用这种特性，可以做成压电敏感器或执行器。具有压电效应的电介质称为压电材料。自然界中的大多数晶体都具有压电效应。利用压电效应研制的各种压电型 MEMS 微执行器能完成精确、自主的复杂动作，如直线、旋转、加速度、钳动等，实现对极微小器件的纳米尺度精确操控。

如今的“交互时代”以智能手机、智能硬件为代表，主要是应用丰富多彩的传感器，完成对环境的自主感知，这被称为“超越摩尔时代”。未来的“操控时代”以无人驾驶汽车、智能机器人为代表，实现感知后的自主行动（具有人工智能），将催生出一系列电驱动执行器，这被称为“新摩尔时代”。在可以预见的未来，MEMS 执行器将大放异彩。

MEMS 制造——从砂砾到大厦的艺术

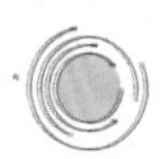

环环相扣的 MEMS 产业链

MEMS 技术赋予了我们制造一切的可能。有了它，人类可以以最生动的想象力，创造性地设计各种 MEMS 器件：一分钱硬币大小的飞机，头发丝般粗细的马达，甚至如同细胞大小的精密智能机器人；然后，通过 MEMS 制造工艺的魔幻操作，让设计成真；再利用先进的封装技术，给芯片穿上坚固的铠甲，让 MEMS 器件真正飞入寻常百姓家。

自上而下，MEMS 生产流程包括了器件设计、加工制造、封装测试三大环节。

MEMS 器件设计环节，就是确定这个器件想干什么，采用什么物理原理、什么器件结构、什么功能材料、什么工艺步骤等。手机、游戏机、Pad、智能设备中用的 MEMS 器件的功能和性能要求，都要在设计环节确定好。

MEMS 加工制造环节，就是想方设法在直径为 4~8 in（英寸）（1 in = 2.54 cm）的晶圆片上，将 MEMS 芯片成批量、均匀地制造出来。制造过程中，利用镀膜、光刻、刻蚀等多个工艺步骤，使用多台微电子工艺设备，把包含通道、孔、悬臂、膜、腔，以及其他结构的 MEMS 器件在晶圆片上完整地制作出来。晶圆制造及加工是芯片制造的核心点。

MEMS 封装测试环节，目的是把上面做好的 MEMS 芯片放到保护壳中，防止损坏、腐蚀等。再通过自动化测试设备，快速可靠地完成产品的合格性筛选。最终芯片完成封装测试后，其外观就是我们日常所看到的琳琅满目的 MEMS 产品。

芯片制造的基石——MEMS 材料

既然是微加工，就需要知道加工的原材料。我们日常看到的艺术雕刻，就是以玉石、硬木，甚至核桃壳、米粒等作为创作载体。同样，微机械加工

的是需要能够支撑 MEMS 器件物理结构的原材料，也叫作功能材料。

与集成电路芯片大多采用硅基半导体材料加工的情形不同，MEMS 器件需要加工的材料五花八门，可谓“只有想不到，没有做不到”。目前，主流的 MEMS 支撑材料（衬底）还是硅（Si）。主要原因是受集成电路产业的带动，硅加工技术拥有相对成熟的工艺。另外，硅基材料本身也拥有良好的机械性能，具有极好的强度、硬度、热导率、热膨胀系数等。除了硅基材料，MEMS 还使用非硅基材料，如 GaAs 等 III–V 族化合物半导体材料。

除了常用的半导体材料以外，MEMS 更是发展出自己的独门秘籍，甚至达到了“运用之妙，存乎一心”的境界。它可以根据需要，恣意地使用各种特殊的金属材料，任性地选择玻璃、塑料、高分子聚合物、陶瓷等；它不停尝试突破各种新的材料，碳纳米管、碳纤维、石墨烯、金属化合物、记忆合金、生物材料、3D 材料、自修复材料、超导等，皆被纳入它的视野；根据不同的应用场景和检测对象，它随机应变，选择合适的材料。比如，在生物和医疗领域，多选用玻璃和塑料，而非硅片，作为 MEMS 基底；甚至出于降低成本的原因，使用塑料制作一次性医疗器械；基于传感器“柔性，延展性”的特殊要求，利用纸或者布开发微型器件，以期产生更多奇思妙想的应用。MEMS 的种种华丽操作，让我们对 MEMS 材料的未来充满想象和期待。

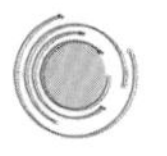

运筹帷幄——MEMS 设计

MEMS 技术在米粒大小的空间搭建杠杆、齿轮、铰链、镜面，以及各种薄膜、悬梁等机械部件。而且，这些结构还要按照功能要求，在不同的工作原理下，要会转、会振，还要输出电信号，想想就头皮发麻！任何一个环节出问题，整个 MEMS 器件就会罢工。所以，对 MEMS 芯片进行预先的设计与仿真是非常重要的。

MEMS 芯片制造的过程就如同用玩具积木盖房子一样：先选择合适材料和结构作为地基，再根据需要垒墙、架梁、盖顶，做出房子结构，再铺设各种线路、开窗装饰等，最后生产出所需的芯片。如果没有设计图，拥有再强的制造能力也无处着手。目前，MEMS 器件尺寸越来越小、结构越来越复杂，产品可靠性要求越来越高，每一款 MEMS 器件都融合了多个物理领域，包括

力、电、流体、光、磁、热等。仅根据原理和经验进行 MEMS 器件设计，会带来太多不确定性因素，以致既费钱费力费时，还达不到设计的预期目标。所以针对 MEMS 设计，需要用专业的 EDA 软件来仿真和验证。有了 EDA 工具，工程师可以从概念、原理、结构、材料、工艺流程等角度，分步骤完成 MEMS 系统设计。仿真所涉及的大量计算工作由计算机来完成。真正做到运筹帷幄之中，决胜千里之外。

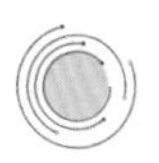

米粟上的舞蹈——MEMS 工艺

MEMS 芯片和集成电路芯片在封装的外观上具有相似性。但 MEMS 在芯片设计和制造工艺方面，与集成电路完全不同。集成电路一般采用平面器件与平面工艺，通过数百道工艺步骤，在若干个特定平面层上使用图案化模板制造而来。相对而言，MEMS 是一种三维微机械结构，在器件结构与工艺制备方法上更趋向于多样化与复杂化，它们可能涉及通道、孔、悬臂、膜、腔以及其他结构。

MEMS 芯片的种类多达上万，个性特征明显。不同的 MEMS 产品，材料和工艺各不相同，没有完全标准化的工艺。集成电路产业奉若圭臬的是“摩尔定律”，而 MEMS 的黄金定律为“一类产品，一种工艺”。对半导体而言，做“脑细胞”的工艺是一样的，不断地复制自我。对 MEMS 而言，做“眼睛”的工艺很难用来做“鼻子”，做“鼻子”的工艺很难来做“耳朵”。这种制造工艺的非标准化特点决定了没有一家 MEMS 公司能够覆盖全部市场，形成垄断地位。

以硅基 MEMS 为例（图 8.4），说明从硅原材料到 MEMS 芯片的批量化工艺流程。若单个 MEMS 传感器芯片（die）的面积为 3 mm × 3 mm，则 8 in（直径 20 cm）的硅晶圆（wafer）可切割出约 3000 个 MEMS 传感器芯片，制造费用分摊到每个芯片，使得成本大幅度降低。

MEMS 加工技术主要包括体硅微加工、表面微加工和 LIGA（德语，光刻 Lithographie、电铸 Galvanoformung、压模 Abformung 三个词的缩写）三种工艺，它们各有优势和局限性。

硅体微加工技术是指沿着硅衬底的厚度方向对硅衬底进行刻蚀的工艺，

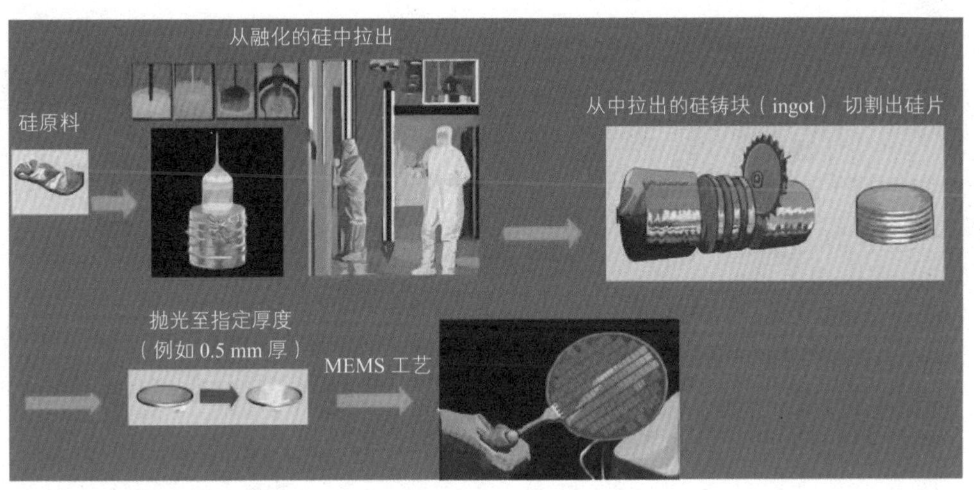

图 8.4　从硅原料到硅晶圆片及 MEMS 芯片的过程，硅晶圆片上的重复单元可称为芯片

包括湿法刻蚀和干法刻蚀。它是实现三维结构的重要方法。

表面微加工的基本思想是：先在基片上淀积一层称为牺牲层的材料；然后在牺牲层上面淀积一层结构层，并加工成所需图形；在结构加工成型后，通过选择性腐蚀的方法将牺牲层腐蚀掉，使结构材料悬空于基片之上。由此形成各种形状的二维或三维结构。相对体硅工艺，表面工艺保持了衬底的完整性，更容易与集成电路工艺兼容。

LIGA 技术可加工金属、塑料等非硅材料，同时可加工深度与宽度比例大的器件结构。这是体硅微加工和表面微加工难以做到的。但是，LIGA 技术需要极其昂贵的 X 射线光源和制作复杂的掩膜板，高昂的工艺成本限制了该技术在工业上的推广应用。

除了上述微加工技术以外，MEMS 制造还广泛地使用多种特殊加工方法，其中包括键合、电镀、软光刻、微模铸、微立体光刻与微电火花加工等。

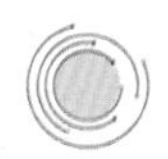

铠甲卫士——MEMS 封装测试

琳琅满目的 MEMS 芯片做好后，得从晶圆上一一切下来。一个晶圆上可以切出数千颗裸芯片。然后，给裸芯片进行封装。最后，对芯片进行测试。

封装就是给裸芯片穿上“衣服”——外壳。把芯片内部的输入和输出引脚用导线连接到壳外的引脚上，这些引脚焊接到印刷电路板（PCB）上，再

通过板上的多层金属布线连接到其他器件，从而使 MEMS 芯片与外部电路连接好的 PCB 板构成了一个系统。如果说，芯片是传感器的心脏，那优良的封装为芯片打造了坚实的“盔甲”，固定和保护芯片，免受物理损伤、化学损伤（空气中的杂质对芯片的腐蚀），增强散热性能、便于安装和运输。在 MEMS 产品量产过程中，随着封装越来越复杂，对封装的性能要求越来越高，封装成本占比也越来越大，一般占器件总成本的 30%~40%。

MEMS 测试是对 MEMS 产品质量控制和性能评价的关键环节之一。只有通过 MEMS 器件的功能、性能与可靠性测试，才能最终形成商品化的 MEMS 产品。通俗地说，就是“是骡子是马拉出来遛遛”，恰如在鸡蛋里面挑骨头，剔除不合格芯片，筛选出合格芯片。再试试它会不会被静电击穿，是否怕高温高湿，芯片在雷雨天、三伏天、风雪天等极端环境下能否正常工作，还要进行老化试验，确定是否可以正常使用一个月，一年，还是十年。等到这些考验全部通过，成为芯片中的精英，才有资格走上市场，进入千家万户。

鹏飞九天大行其道——MEMS 应用天地

MEMS 传感器是实现智能感知的核心部件，已然成为现代信息产业中的“幕后功臣”。由最早的工业、军事和航空应用，到走向民用和消费应用市场，功能繁多的传感器已真真切切地走进了我们的日常生活。同时，越来越多样且复杂的应用场景需求，促使传统传感器朝着微型化、智能化、数字化和多功能化的新型传感器方向不断发展。这里我们选择典型的四个应用为大家作简单的描述。

汽车机器人之自动驾驶

车子在行驶，而你在睡觉或是在玩耍，那该多好啊！然而，愿景是美好的，但现状是，车厂直呼无奈。不能做到全自动驾驶的最大问题在于车载传感器还达不到应用要求。我们的智能手机已经够复杂的了，但与自动驾驶相比，不值一提。智能手机如果不小心摔在地上，若遭受震动过大，手机有可能罢工。但智能汽车不允许这么脆弱，它必须坚强无比。在实现“眼观六路、

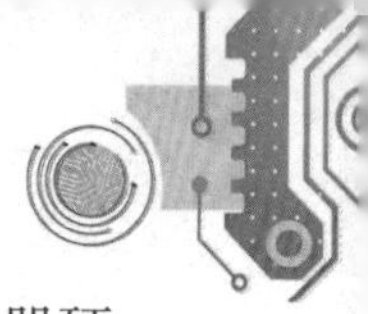

耳听八方”的同时，还要保证驾乘的安全，这就对自动驾驶汽车的传感器硬件及其控制软件提出了极其严苛的要求，毕竟人命关天啊。为了让自动驾驶的汽车不出现失误操作，车规级的高精度、高可靠性的传感器是必不可少的。

感知是智能驾驶的前提，为此，车用传感器遍布车辆全身。没有 MEMS 传感器，自动驾驶就不可能实现：它们得看到和感知道路上的一切，实时收集安全驾驶所需的信息。此外，对信息进行快速处理和分析，以构建从 A 点到 B 点的路径，并向汽车控制装置发送适当的指令，例如转向、加速和制动。当前一辆智能驾驶汽车要使用 50~100 个 MEMS 传感器。随着安全性和智能化水平的不断提升，所需的 MEMS 传感器数量还将继续增加。车越好，所用的 MEMS 器件就越多。例如，宝马豪华系列 BMW740i 上就装有 70 多块 MEMS 芯片，包括常见的加速度计、陀螺仪、电子罗盘、气压计、气体传感器、图像传感器、红外传感器、超声波雷达传感器、激光测距仪等。

我们可以预期，在未来汽车智能化的发展中，MEMS 技术将发挥越来越重要的作用，促进着自动驾驶早日走进我们的生活。

智能穿戴触手可及

提起智能可穿戴设备，大家想到的可能是智能手环，也可能是 Google VR（虚拟现实）眼镜，抑或是“钢铁侠”。可穿戴设备的出现让人类有望拥有像科幻剧中“超人”一般的能力，而赋予这种超能力的武器就是 MEMS 器件。随着生物科技的发展，以及传感器向微型化、智能化方向的发展，可穿戴设备将会进化成植入人体的智能设备，成为人类感官的延伸。

可穿戴设备的主要应用领域包括：以血糖、血压和心率监测为代表的医疗监护领域；以运动状况监测为代表的保健康复领域；以信息娱乐为代表的时尚消费领域；以数据采集和显示为代表的工业和军事领域。研究指出，保健和医疗领域的可穿戴设备占据 2021 年 60% 的市场份额，未来的份额预期会进一步提升。

未来 30 年，科技将带领人类突破自身的极限，甚至自然界生物的极限。由物联网（Internet of Things，IOT）连接的可穿戴设备将会实时地把有关信息直接送入我们的感官；外骨骼和与大脑连接的假肢将使我们变得强壮无比；

虚拟现实和增强现实（VR/AR）技术将让我们在虚拟时空中成为拯救世界的“超级英雄”；从孩子降生、生日、毕业典礼到婚礼，VR技术将直播并保存这些对家人而言意义重要的时刻，通过VR相互串门或者观看重大事件，更能如身临其境般地回味和分享由此带来的喜悦和震撼。

装有探测器和嵌入式计算机的隐形眼镜，或被永久植入体内的传感装备，将使我们真正拥有千里耳、夜视眼，以及随时沉浸于VR/AR系统的能力。益智传感器将扩展我们的思维维度，改变我们工作和学习的方式。

未来可穿戴装备可能成为军事系统中不可缺少的硬件，像军服及枪械一样成为士兵的标配。美国军队已先后推出多款军用可穿戴外骨骼，以及“勇士织衣”智能作战服。可穿戴外骨骼、智能作战服和头盔、单兵电台等将日益受到关注。

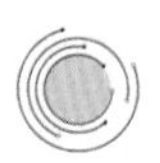

未来已来的生物医疗

MEMS技术几乎可以实现人体所有感官功能，包括视觉、听觉、味觉、嗅觉、触觉等。50多年前，科幻作家描绘了生物医药微型化的美好前景，设想来一场“神奇旅程”：微型潜艇在人体血管中的自由探索之旅。50多年后的今天，MEMS器件已经成功应用于心脏支架、医用导管和隐形眼镜。虽然还不能像小说里那样操控微型潜艇在血管里畅游，但这一神奇之旅无疑已经开始了。

以色列理工大学（Israel Institute of Techology）发明了一种“微型潜水艇”，通过静脉进入人体，以清除堵塞或定点给药。该机器人使用MEMS技术制造，由磁场驱动，运动速度可以达到9 mm/s，不需要电池供电。Google公司发布了一款智能隐形眼镜，可通过分析佩戴者泪液中的葡萄糖含量帮助糖尿病患者监测血糖水平，从而免去患者取血化验的痛苦。美国美敦力公司（medtronic）发布了全球最小的心脏起搏器Micra。它通过微创方式，由腿部血管进入心脏，体积仅为传统起搏器的1/6。MEMS微型胶囊胃镜（图8.5），采用自然吞服的方式，检查过程无痛无创无麻醉，15 min左右完成整个胃部检查。MEMS“微针给药”技术通过数枚或数千枚实心或者空心微针组成的透皮贴片贴在皮肤上，无痛感地刺穿皮肤最外层，使药物进入体内，让即使患有针头恐惧症的患者也可以轻松地使用。3M公司开发的微结构透皮给药系

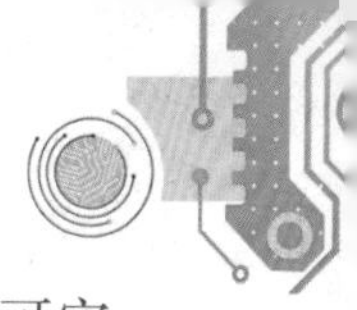

统是硬币大小的贴剂，上面有数百个针头的微针阵列，针头长约 1 mm，可实现无痛给药（图 8.5）。

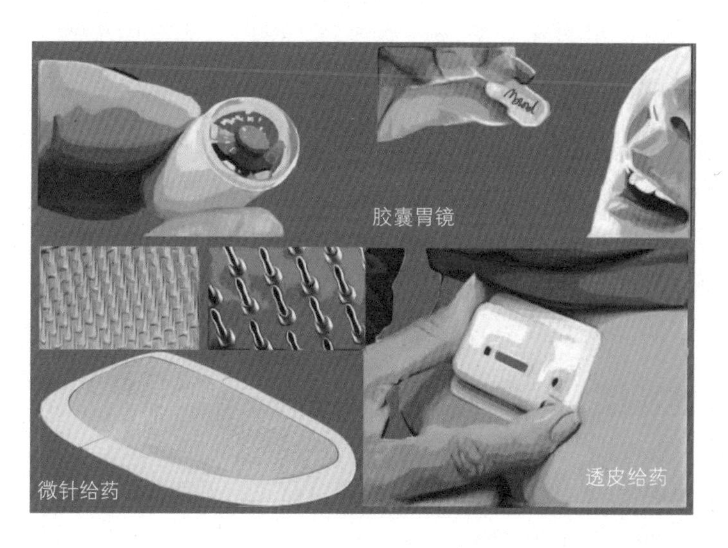

图 8.5　生物医疗领域 MEMS 产品应用

未来战争中的奇兵

微系统技术将对武器系统的小型化、智能化和轻量化产生颠覆性影响，在一定程度上将改变未来战争的作战模式。

研究人员正在研发面向未来的军用微型机器人和“智能尘埃”。其中几种较典型的微型飞行器（图 8.6），其外形可做成类似石头、树木、花草的模

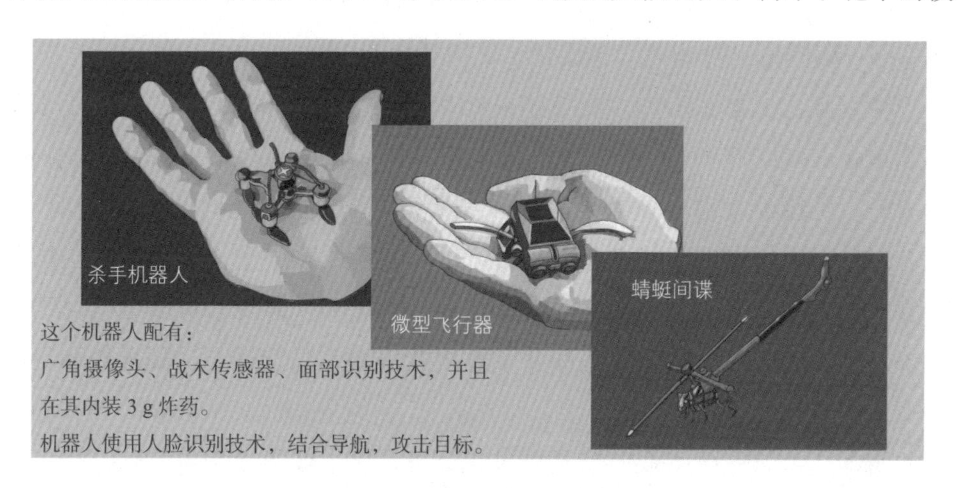

图 8.6　几种较典型的微型飞行器

样，内部装有微型图像、红外、地震、磁场、拾音器等各种传感器，充当侦察兵。“智能尘埃”是一种微小型固定机器人，利用无人机将“尘埃”布撒到未来的战场中，构成分布式战场传感器网。当坦克等军用车辆驶过这些“尘粒”时，它们就会启动迷你火箭射向并附着于车身，从而将其精确位置发送回去，使指挥中心能随时掌握敌情。它们还具有电子干扰能力，自主寻找敌方电子指挥系统的关键部位实施破坏。美国的“T－鹰”微型无人机已在阿富汗战场得到了实战检验，其质量仅为 9 kg，可连续飞行 50 min。海军陆战队士兵可以通过便携式电脑操纵无人机，可侦察前方 5 km 的情况。

其他领域

此外，MEMS 技术在工业、能源及环保等领域也有广泛应用，为各行各业提供了自动化、智能化的数据接口，能为智能社会提供广泛的技术支持。根据相关市场调研数据，全球 MEMS 市场结构中消费电子领域占比最高、增长空间最大的是生物医疗领域。

MEMS 的未来之路

我们已经来到真实世界与智能物联世界的边界，而强大的 MEMS 传感器是促进这一切的关键。从技术和产品趋势看，MEMS 传感器正在向“四化”——微型化、智能化、集成化、低功耗化演进。

微型化：MEMS 向更小尺寸演进是大势所趋。当 MEMS 的特征尺寸缩小到 100 nm 以下时，又被称为纳机电系统（Nano-Electromechanical System，NEMS）。虽然今天它还默默无闻，但在未来可能成为半导体产业界的明星。NEMS 被形容为 MEMS 与纳米技术的结晶。由于尺寸更小，以及纳米结构所引起的神奇效应，NEMS 技术被认为是下一场微型化革命。MEMS 结合纳米技术，将实现真正的微型传感器并孕育新的应用，尽管这一进程可能还得花上十几年的时间。

智能化：第一次工业革命是机械化，第二次工业革命是电气化，第三次工业革命是信息化。而现在我们正处在第四次工业革命阶段，就是智能化。

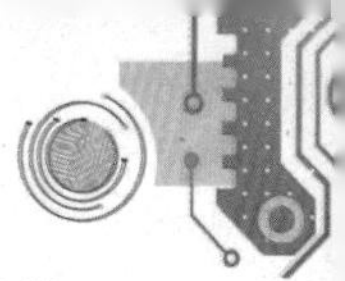

智能化系统有三大支柱：动态感知、智慧分析和自动反应。动态感知系统，指的就是传感器。将 MEMS 传感器、信号处理系统、嵌入式类脑内核和智能算法封装成一个智能微系统，进而实现终端设备的智能化。

集成化：MEMS 传感器是人工智能重要的底层硬件之一，传感器收集的数据越丰富越精准，人工智能的功能才会越完善。随着智能化水平的提高，需要在同一个封装芯片内集成多种敏感元器件，制成能够检测多个环境参量的多功能组合 MEMS 传感器，并保证它们能和谐地在一起工作。

低功耗化：越来越多的设备需要便携性甚至可穿戴，这就需要使用电池给这些设备供电，所以要求设备功耗要低。随着物联网等应用对传感需求的快速增长，传感器使用数量急剧增加，能耗也将随之翻倍。降低 MEMS 器件功耗，增强续航能力的需求将会伴随传感器发展的始终，且日趋强烈。

参考文献

[1] "Explication de l'arithmétique binaire, qui se sert des seuls caractères O et I avec des remarques sur son utilité et sur ce qu'elle donne le sens des anciennes figures chinoises de Fohy", Godefroy Leibnitz, Académie royale des sciences-Année (《仅用数字 0 和 1 的二进制算术阐释，兼论其效能及中国古代伏羲图意义的评注》，戈特弗里德·莱布尼茨，(法国)皇家科学院年报)，1703.

[2] (意)佛朗哥·马洛贝蒂，等.电路与系统简史 [M]. 秦达飞，等，译.北京：清华大学出版社，2018.

[3] (美)毕查德·拉扎维.模拟 CMOS 集成电路设计 [M]. 陈贵灿，等，译.西安：西安交通大学出版社，2018.

[4] A. Sangiovanni-Vincentelli, "The tides of EDA," in IEEE Design & Test of Computers, vol. 20, no. 6, pp. 59—75, Nov.–Dec. 2003, doi: 10.1109/MDT.2003.1246165.

[5] 2018 年全球及中国 EDA 行业市场规模及竞争格局分析. Retrieved February 27th, 2022, from: https://www.chyxx.com/industry/201912/818372.html.

[6] http://www.elecfans.com/article/90/153/2012/memory_3.html.

[7] 中央处理器.(2021, July 8). Retrieved from 维基百科，自由的百科全书: https://zh.wikipedia.org/w/index.php?title = %E4%B8%AD%E5%A4%AE%E5%A4%84%E7%90%86%E5%99%A8%oldid = 66488455.

[8] 张晨曦，王志英，张春元.计算机体系结构 [M]. 北京：高等教育出版社，2000.

[9] (美)约翰·L. 亨尼斯，等.计算机体系结构：量化研究方法(原文版) [M]. 北京：机械工业出版社，2002.

[10] NVIDI AA100|NVIDIA. Retrieved September 25th, 2021, from:

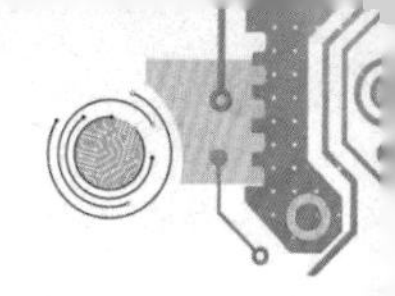

https: //www.nvidia.cn/data-center/a100/.

[11] Cloud TPU. Retrieved September 25th, 2021, from: https: //cloud.google.com/tpu.

[12] Oskar Mencer, et al., The History, Status, and Future of FPGAs, Communications of the ACM, October 2020, Vol. 63, No. 10, Pages 36—39, https: //cacm.acm.org/magazines/2020/10/247594-the-history-status-and-future-of-fpgas/fulltext.

[13]（日）天野英晴 . FPGA 原理和结构 [M] . 赵谦，译 . 北京：人民邮电出版社，2020.

[14] IEEE Spectrum, https: //spectrum.ieee.org/chip-hall-of-fame-xilinx-xc2064-fpga.

后 记

对于有兴趣了解集成电路是如何设计出来的读者来说，本书是一部简明的科普读物。它力图用紧凑的篇幅，全视野展现给我们日常生活带来巨变的形形色色的集成电路：芯片实现不同功能的基本原理，变设想为真实的设计理念，技术的历史沿革和穿插其中的人文趣事，行业的激烈竞争与应用的日新月异。由此引发读者对集成电路未来科技的更多想象，萌发对未来学习与研究集成电路的兴趣。

本书分为八章，前四章讲述基础的集成电路设计方法学，包含数字、模拟和射频集成电路，以及芯片设计自动化（EDA）软件等内容；后四章讲述与应用相关的集成电路和微系统，包括存储器、处理器、可编程逻辑阵列（FPGA），以及微电子机械系统（MEMS）等内容。

本书作者在集成电路领域从事多年的教学和研究。本书前四章分别由叶凡、许俊、马顺利、陶俊编写，后四章分别由解玉凤、范益波、吴昌、纪新明编写。任俊彦负责整书规划、统稿和校对，并参与编写前四章。

本书行文各有特色，叙述别具新意，犹如一部短文集，既适合主题阅读，更建议通篇浏览。期待它带给你一种特别的阅读感受。限于作者的知识局限性，书中难免有疏漏或不当之处，敬请读者指正。